Bulos

CIENTÍFICOS

Bulos

CIENTÍFICOS

De la tierra plana
al coronavirus

Alexandre López-Borrull

OBERON

Diseño de cubierta y maqueta: **Celia Antón Santos**

Responsable editorial: **Eva Margarita García**

Imagen de cubierta: © 2020 iStockphoto LP.

Imágenes de interior: © 2020 iStockphoto LP, excepto páginas 29, 41, 59, 65, 75, 78, 120 y 130 (fuentes indicadas al pie de las respectivas imágenes).

© EDICIONES OBERON (G. A.), 2021

Juan Ignacio Luca de Tena, 15. 28027 Madrid

Depósito legal: M. 17.202-2020

ISBN: 978-84-415-4307-2

Printed in Spain

PAPEL DE FIBRA
CERTIFICADO

«Una verdad sin interés puede ser eclipsada por una falsedad emocionante».

— Aldous Huxley (1894-1963)

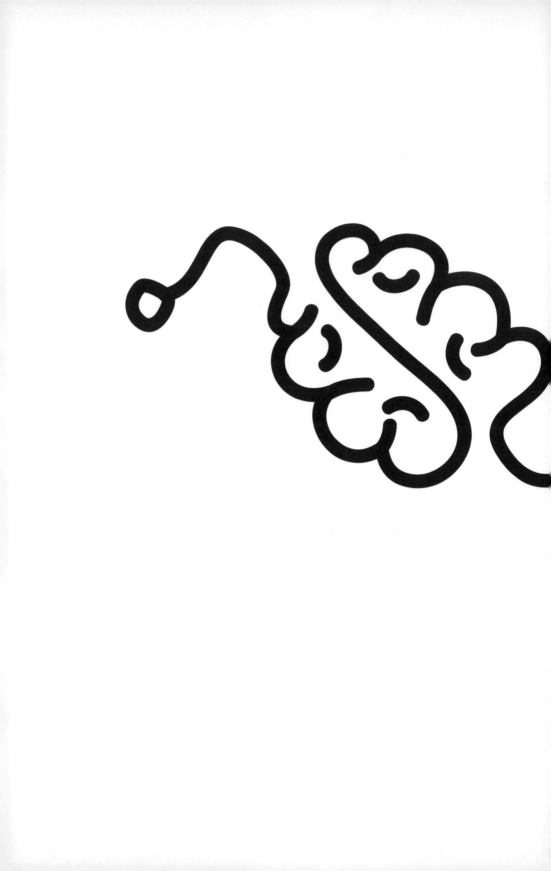

ÍNDICE

PREFACIO. DE LAS *FAKE NEWS* A LA *FAKE SCIENCE*, LA DESINFORMACIÓN CIENTÍFICA EN NUESTROS DÍAS

Vivimos tiempos de aceleración y mayor impacto de las llamadas *fake news*, o noticias falsas, pero es evidente que los bulos como fenómeno existen desde que existe la capacidad comunicativa. Solo hace falta recordar cómo la desinformación formaba parte de los círculos de poder y sus intrigas en cualquiera de las civilizaciones anteriores. Que se lo digan a los templarios, una organización que no vio venir cómo se tejía una red de engaños y habladurías que los condenaría en 1307 bajo acusaciones de culto al demonio. Así también se vivió en los pogromos que tuvieron lugar en ciudades como Barcelona o Valencia, donde se asaltaron los barrios judíos en 1391 después de sermones incendiarios donde se les culpaba de muertes de niños, entre otras barbaridades. Sin embargo, debemos igualmente tener en cuenta que la desinformación en positivo también permitió a los aliados tener una ventaja clara en la Segunda Guerra Mundial, cuando gracias a la operación Overlord se hizo creer a Hitler que Calais y no Normandía era el lugar elegido para el desembarco. Lamentablemente, no solo forma parte del pasado. Muchos países europeos fueron a una guerra por unas armas de destrucción masiva que no fueron encontradas y el presidente Donald Trump, que aparecerá citado demasiadas veces en este libro, es el que más sitúa como *fake news* a los medios de comunicación que no le son afines. Del «conmigo o contra mí», al «yo tengo la verdad».

Lo que sí es cierto es que actualmente Internet permite una capacidad de viralización excepcional: hacer muchísimos más bulos de forma barata y hacerlos más globales. Estudios como los de Vosougui *et al* dejan claro que los contenidos falsos circulan más y más rápido que los reales, y que cuando se refieren a temas sensibles como la seguridad, el terrorismo o los accidentes naturales, también los bulos corren más rápido[1]. Más que nunca, como en todos los aspectos relacionados con las nuevas tecnologías y las redes sociales, los ciudadanos hemos pasado a ser prosumidores de información, término acuñado por Alvin Toffler[2], en referencia a cómo pasamos de consumidores a productores activos. Ello se ve claramente en el caso de los conspiracionistas, el alcance que antes podía tener una teoría de la conspiración necesitaba de una

---

[1] Vosougui, S.; *et al.* (2018). «The spread of true and false news online», *Science*, vol. 359, núm. 6380, pp. 1146-1151. DOI: 10.1126/science.aap9559

[2] Toffler, A. *La tercera ola*. Barcelona: Plaza y Janés, 1982.

estructura de poder y de capacidad de difusión. Estamos, pues, en una época de democratización de la información, pero también del bulo como efecto colateral. Como se dice a menudo en relación con los superhéroes, un poder implica a su vez una responsabilidad.

Por otra parte, las *fake news* como fenómeno responden también a una aceleración tecnológica pero igualmente forman parte de un contexto político y social. Como afirma McNair[3], las noticias falsas son un síntoma más de la evolución de las sociedades liberales, donde añade los populismos, el avance de la ultraderecha, la crisis de confianza en los medios de comunicación y el desprestigio de las élites. A esos síntomas, añadiría de forma preocupante también la pérdida de confianza en la ciencia, que ha sido la principal palanca a partir de la cual la sociedad, en especial después de la Revolución Industrial, ha podido responder a sus múltiples retos y evolucionar. La erradicación de enfermedades como la viruela, la capacidad de cura para enfermedades como el SIDA y el cáncer, la calidad de vida de múltiples sociedades, así como el incremento constante de las esperanzas de vida y otros indicadores en todos los países son mejoras que a veces parecen amortizadas sin entender el papel que el desarrollo científico ha tenido para que fueran posibles.

Sin embargo, también debemos ser conscientes de que la ni la ciencia ni los científicos son perfectos ni infalibles. Solamente cabe recordar la famosa cita del físico Robert Oppenheimer en relación con la bomba atómica que tanto ayudó a crear, «ahora me he convertido en la Muerte, el destructor de mundos» y los retos éticos que la investigación genética conllevan, como ya se vio en el caso de la clonación de la oveja Dolly. A ello cabe añadir problemas y aspectos que la ciencia debe mejorar, con relación a cómo investiga y a cómo difunde sus conocimientos científicos. La famosa presión por publicar, el reto a hacerlo en revistas científicas

---

3 Mcnair, B. *Fake News: Falsehood, Fabrication and Fantasy in Journalism*. Londres: Routledge, 2018.

medidas por índices y cuartiles injustos y que determinan a futuro la posibilidad de conseguir más financiación y puestos de trabajo en las universidades abren la puerta a lo que he llamado en alguna ocasión *fake science*[4].

Así, a la presión por publicar artículos científicos se añade, cómo no, la existencia de revistas llamadas depredadoras, en un juntarse el hambre con las ganas de comer académico. Bajo un precio más aceptable que en las principales revistas, y con una revisión mínima, es posible publicar y aumentar artificialmente el currículo del científico. Ello también se observa en la publicación de artículos que no han pasado un correcto proceso de revisión por pares, el *peer-review*, de forma similar a cómo en la prensa tradicional la presión por ser el primero en publicar relaja los necesarios procesos de verificación. Este proceso es el que ha salvaguardado hasta ahora la calidad de la información científica. Como afirma Crane, editores y revisores son los *gatekeepers* de la ciencia[5]. Sin la revisión, todo puede ser un coladero de contenidos sin revisar, todo puede ser *fake science*. Pero en un proceso muy mejorable, en la mayor parte de casos gracias al trabajo voluntario de otros científicos que en un intercambio de favores harán una revisión de un artículo a cambio del que le harán a ellos. En todo el proceso existe una serie de sesgos geográficos y de género con los que la comunidad científica carga como pesada mochila[6]. El reciente *LancetGate* en relación con la publicación de un artículo crítico con la hidroxicloroquina como medicamento contra la COVID-19 sería

4 López-Borrull, A. (2019). «"Fake science": el tsunami de la desinformación llega a la ciencia». *COMeIN*, núm. 86 https://doi.org/10.7238/c.n86.1922

5 Crane, D. (1967) «The gatekeepers of science: Some factors affecting the selection of articles for scientific journals». *American Sociologist*, vol. 32, pp. 195–201.

6 Lee, C.; *et al.* (2013). «Bias in peer review». *J Am Soc Inf Sci Tec*, vol. 64, pp. 2–17. http://onlinelibrary.wiley.com/doi/10.1002/asi.22784/epdf

un ejemplo perfecto[7] de cómo el sistema actual de comunicación científica no funciona. Y no es un problema de sostenibilidad económica, puesto que ni plataformas ilegales como Sci-Hub son capaces de afectar a las grandes editoriales.

Es de esperar que nuevos paradigmas científicos como el de la ciencia abierta puedan mejorar la transparencia de los procesos de revisión de la difusión del conocimiento científico y un cambio cultural que permita que la ciencia refuerce el vínculo con la sociedad, y permita también al científico aportar mucho más contenido de valor las redes sociales, para ayudar también a la ciudadanía a desprenderse de las *fake news* que campan aún a sus anchas.

Así pues, el propósito del libro es tratar los bulos científicos, muchos de los cuales no son nuevos pero que han encontrado en las redes sociales, Youtube e Internet, nuevas formas para penetrar las defensas de la sociedad y la precaución. Tratar cada bulo uno a uno permite a la vez tomar la dimensión real de problema. Escribir el libro fue una idea previa a la crisis sanitaria por el coronavirus, pero es evidente que debían tratarse algunos de sus principales bulos. Como verán a lo largo del libro, los hechos y los argumentos de los negacionistas se tendrán en cuenta y se rebatirán una gran cantidad de ellos, pero también nace el libro con la voluntad de intentar entender las formas, los mecanismos a partir de los cuales se crea, se extiende y se defienden dichos bulos.

Sí, como hemos comentado, el contexto de escepticismo generalizado hacia los pilares sociales lleva a creer más en dichos bulos, y para luchar contra ellos no es suficiente con rebatir el argumento, porque a menudo la fuente es tan importante como entender cómo damos credibilidad hoy en día. Un doctorado ante la métrica de miles de seguidores en un canal de Youtube,

---

7 Borraz, M. *Historia de un escándalo: una empresa sospechosa y el estudio que sacudió a la prestigiosa revista «The Lancet»* https://www.eldiario.es/sociedad/lancetgate_1_6034915.html [Consulta 20 junio 2020]

desconcertantes choques. Nuestra capacidad de medir el número de *retuits* como medida de la certeza de un contenido es algo que se puede alterar y comprar. Sí, aún somos demasiado nuevos en el aprendizaje de las redes sociales, pero es importante aprender a calibrar a qué damos valor. En la época de la Inteligencia Artificial y el Big Data, parecemos más perdidos que nunca con relación a qué es verdad y qué no. Esta posverdad, que se añade a una sociedad ya líquida como decía Baumann, hace que la OMS muestre un nivel de preocupación altísimo respecto a la infodemia que se vive en la lucha contra el coronavirus, como nunca antes, de hecho. Esta preocupación por el alud de información que nos desborda, mucha de la cual es falsa, esta infodemia, nos puede dejar expuestos. La confianza en la ciencia parece pues más necesaria que nunca.

La negación científica tiene muchas aristas y muchas motivaciones. Diethelm *et al* recogen cómo en el proceso de negación (*denialism*, en inglés) aparece una serie de elementos comunes, muchos de los cuales son recogidos en la mayor parte de los bulos del libro[8]. Por ejemplo, una teoría de la conspiración, oscura y con sospechosos habituales como George Soros o Bill Gates que explique por qué la mayor parte de los científicos no da valor al bulo. Por ejemplo, falsos expertos (e *influencers*, en la era digital, para su difusión) que crean la imagen de que la ciencia está dividida. Algo como el *divide et impera* a nivel científico. Todo ello acompañado de un sesgo de las evidencias: las que no sirven o contradicen mi relato, se quedan en el cajón.

Para llevar a cabo este libro nos hemos basado en una serie de criterios que quisiera compartir con ustedes:

-   La elección de los bulos ha intentado recoger algunos de los principales y más conocidos, junto con una mezcla entre los

---

8   Diethelm, P. (2009). «Denialism: what is it and how should scientists respond?», *European Journal of Public Health*, vol. 19, núm. 1, pp. 2-4 https://doi. org/10.1093/eurpub/ckn139

que son más antiguos y los que tienen derivadas políticas. Lamentablemente, muchos se han caído finalmente de la lista, quedan suficientes para hacer un nuevo libro.

- El contexto debe ser explicado para entender el porqué de cada bulo, su origen e intentar comprender sus motivos.

- Las fuentes de información son básicas para la verificación (*fact-checking*) y es por ello por lo que verán múltiples referencias bibliográficas a lo largo del libro. Creo sinceramente que la existencia de citas no quita creatividad a un autor, sino que le añade credibilidad. Además, les va a permitir poder profundizar en aquellos bulos de los que quieran saber más, puesto que algunos de ellos dan exclusivamente para un libro.

- En cuanto a la elección de las fuentes, se ha intentado que estén en abierto, por eso verán muchos artículos periodísticos (muchos de los cuales aún no están bajo un muro de pago) que hacen divulgación científica. Me parece básico valorar positivamente el papel que los medios de comunicación tienen con la difusión de la ciencia y como vehículo legitimador del conocimiento para la sociedad aún en período de descrédito social de la labor de los medios.

- Si esperan un tono jocoso y ácido contra los conspiracionistas, no es el estilo que persigue el libro. Aun desde la lejanía, el libro quiere ser divulgativo, pero a la vez mirar con empatía para intentar entender y explicar por qué a veces parece más fácil no creer la información oficial y vivir en un mundo paralelo que obliga a generar múltiples contraargumentos hasta acercarse a la creencia en un bulo como un acto de fe, como una forma de vivir alternativa a una sociedad con la que no se comparten valores.

- Algunos elementos de cuestión científica en medio de la pandemia se han querido dejar fuera porque me parecían demasiado recientes. El debate sobre el uso de las mascarillas o sobre la utilización de la hidroxicloroquina son muy interesantes para entender cómo se fundamenta y se genera conocimiento científico, pero consideré que me faltaba contexto y que el lapso entre la escritura y la publicación podían ir a la contra cuando se tuviera más certezas. Sí, la crisis sanitaria de la COVID-19 nos ha obligado a vivir con más incertidumbres de las habituales. Por ello, solo se tratan algunos de los bulos iniciales con relación al coronavirus, pero me parece acertado para explicar la difusión actual de desinformación.

Asimismo, quisiera poner en valor que cuanto más se especializa la ciencia, más difícil puede parecer hacer divulgación científica. Los científicos tienen un reto importante, la utilización de los contenidos audiovisuales y las redes sociales son básicos para transferir sus conocimientos. Por voluntad o por obligación de los financiadores. Hay excelentes divulgadores científicos, creadores de relatos, monólogos, vídeos, y son un ejemplo a seguir. La ciencia para avanzar debe mostrarse más sencilla y accesible, aunque pueda parecer paradójico.

Finalmente, me he planteado a lo largo de la escritura del libro qué ocurriría si la ciencia (no las redes sociales) demostrara alguna vez que alguno de los bulos no lo fuera. Creo sinceramente que más que nunca mi error demostraría la validez de la ciencia, que va desarrollándose porque nos situamos, como dice Isaac Newton en su famosa cita, sobre los «hombros de gigantes», en referencia todos aquellos que no han precedido. La ciencia tiene los mecanismos suficientes para ser capaz de refutar lo anterior creando lo nuevo. Espero que la lectura del libro les dé argumentos, así como una visión de la necesidad de fuentes de información fiables, todo ello mientras disfrutan de la lectura y aprenden, tal como lo he hecho yo escribiendo. De verdad.

I

SARS-COV-2, ¿CREADO EN UN LABORATORIO O EN LA GUERRA COMERCIAL CHINA-USA?

Una máxima escrita en 1944 por George Orwell afirmaba que «la historia la escriben los vencedores»[9]. Sin duda, en el caso del coronavirus gran parte de la historia aún está por escribir, por cuanto mientras escribimos no sabemos aún qué país habrá conseguido encontrar (y patentar) la vacuna o cómo se va a relatar en un futuro el inicio de la crisis. El geniudo Winston Churchill, por su parte, fue mucho más práctico en relación a su visión de la historia manifestando que la historia sería generosa con él, puesto que tenía intención de escribirla. Lo debió hacer razonablemente bien, por cierto, puesto que ganó el Premio Nobel de Literatura en 1953. En el trasfondo de las citas se vislumbra la importancia de lo que ahora llamamos el relato. Así, ya no solamente es importante marcar la agenda política o incluso colocarse en el centro mediático como tan bien hace Donald Trump, sino que igualmente lo es crear el marco mental de tu forma de ver, entender y encarar los asuntos. También los bulos tienen su relato.

---

9 *Revisiting history.* http://galileo.phys.virginia.edu/classes/inv_inn.usm/orwell3.html [consusulta: 20 mayo de 2020]

Todo esto viene a colación porque, como veremos en este capítulo, los bulos científicos globales tienen a su vez ramificaciones geopolíticas. En la crisis sanitaria del SARS-CoV-2, veremos los países más poderosos frente al virus más pequeño, aunque no insignificante. Así, en esta historia se entrelazan permanentemente la verdad, el poder, la posición geoestratégica, pero también las medias verdades, así como las cortinas de humo creadas para minimizar los posibles errores en la gestión de la enfermedad. El «...y tú más» de la alta política. Aunque nos costó mucho acostumbrarnos a ellas, las estadísticas de contagios y muertes por países han conllevado también la comparativa continua, así como lo que podemos llamar el «patriotismo estadístico». De la ingente cantidad de bulos y *fake news* que han circulado alrededor del COVID-19, uno de los primeros y que generó más desconcierto, dudas y teorías de la conspiración ha sido sin duda el origen de la enfermedad. A este tema vamos a dedicar uno de los capítulos principales y más extensos del libro ya que contiene todos los elementos que ayudan a entender cómo se viralizan los bulos y noticias falsas: emociones, miedo, incertidumbre, teorías de la conspiración, animales exóticos, referentes mediáticos, incluso mercados mágicos donde todo se come y juego de espías. En resumen, un buen guion para una futura película. Sin besos, eso sí.

Veamos de qué forma y qué características presentan los bulos respecto a si ha sido la mano humana la que ha creado el COVID-19. Como es bien sabido, la crisis sanitaria convertida en pandemia empezó en 2019. Ello ocurrió por pocas horas, puesto que las autoridades chinas informaron el 31 de diciembre de la existencia de diversos casos de una nueva enfermedad. No entraremos en la elección de la fecha o si la información se difundió cuando ya no era imposible controlar el flujo de información, pero sin duda parece oportuno destacar que la transmisión tuvo lugar desde uno de los países más opacos y menos transparentes del mundo. El virus viajó más rápido que el conocimiento científico y recibió el nombre SARS-CoV-2 como consecuencia de la existencia del anterior SARS-CoV-1, que en 2002 había generado la crisis sanitaria debido al SARS (o síndrome respiratorio agudo severo) por el que hubo cientos de muertos antes de que fuera contenido en 2003.

Por cierto, la elección del nombre no fue trivial porque de hecho la Organización Mundial de la Salud (OMS) quiso con una declaración oficial el 11 de febrero dar nombre oficial al virus y a la enfermedad para que se dejaran de usar términos como la «neumonía de Wuhan» o el «virus chino» para referirse a la enfermedad o el virus causante por la posible estigmatización y discriminación que se podía causar sobre un país y una comunidad con un alto porcentaje de emigrantes repartidos por todo el mundo. Así, el Comité Internacional de Taxonomía de los Virus designó el virus como coronavirus de tipo 2 causante del síndrome respiratorio agudo severo (SARS-CoV-2), mientras que la OMS pasó a llamar la enfermedad como el COVID-19[10], a partir de COronaVIrus + Disease «enfermedad» + [20]19), dijera lo que dijera la alcaldesa de Madrid, Isabel Díaz Ayuso[11]. Además, el género de la enfermedad es masculino tal como dice la Real Academia Española (RAE) «por influjo del género de coronavirus y de otras enfermedades víricas (el zika, el ébola), que toman por metonimia el nombre del virus que las causa»[12].

---

10 OMS. *Los nombres de la enfermedad por coronavirus (COVID-19) y del virus que la causa* https://www.who.int/es/emergencies/diseases/novel-coronavirus-2019/technical-guidance/naming-the-coronavirus-disease-(covid-2019)-and-the-virus-that-causes-it [consulta: 20 mayo de 2020]

11 Valverde, B. *Covid-19 no significa «coronavirus-diciembre 2019»* https://verne.elpais.com/verne/2020/05/11/articulo/1589191330_602549.html [consulta: 20 mayo de 2020]

12 RAE. *Crisis del COVID-19: sobre la escritura de coronavirus* https://www.rae.es/noticias/crisis-del-covid-19-sobre-la-escritura-de-coronavirus [consulta: 20 mayo de 2020]

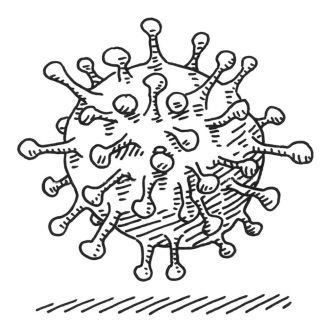

Dibujo del SARS-CoV-2.

En la secuencia de fechas y acciones, cabe recordar que hasta el 11 de marzo la OMS no considera oficialmente que el COVID-19 es una pandemia y pasa a monopolizar el contenido de todos los informativos[13]. Posteriormente, el sábado 14 de marzo se declara el estado de alarma en el estado español, de forma que en muy poco tiempo se suceden una gran cantidad de acontecimientos y se generan una cantidad ingente de preguntas para las que no se tienen en aquel momento respuestas. Y aquí, cómo no, los bulos encuentran el campo sembrado para poderse difundir. El origen de la enfermedad pasa a ser uno de los bulos principales en el inicio de su propagación. Según mi punto de vista, ello ocurrió por tres razones: en primer lugar, desde nuestra óptica occidental, China es un país gigante pero extremadamente lejano y desconocido (por

---

13 Sevillano, E. G. *La OMS declara el brote de coronavirus pandemia global* https://elpais.com/sociedad/2020-03-11/la-oms-declara-el-brote-de-coronavirus-pandemia-global.html [consulta: 20 mayo de 2020]

voluntad mutua). En segundo lugar, las primeras informaciones eran poco claras y existía una gran incertidumbre. Finalmente, hablamos de una disciplina como la medicina, curiosamente una rama del saber muy compleja y especializada, pero que como tiene que ver a menudo con aquello que todos tenemos, un cuerpo humano, todos nos creemos entrenadores, como en el fútbol. El debate y los bulos sobre el origen de la enfermedad se centrarán en un aspecto principalmente, si el origen de la enfermedad era natural y casual o bien había sido creado en un laboratorio y diseminado de forma accidental o intencionada.

En este sentido, nos parece importante resaltar el papel de los referentes audiovisuales con los que también nos creamos nuestra forma de entender la realidad. Películas como *Estallido* o *La Roca*, libros de autores como Robin Cook, Michael Crichton o Dan Brown, entre muchos otros, dibujan en nuestro imaginario espacios de credibilidad hacia el papel humano en los desastres naturales y biológicos. En primer lugar, repasemos algunos de los bulos relacionados con el origen que verificadores como Maldita. es o Snopes han detectado, para posteriormente contrastar con aquella información que de momento han sacado en claro los científicos. Así como en la mayoría de *fake news* relacionadas con la inmigración o el rechazo al contrario se apela a las premisas emocionales, en el caso de los bulos científicos los supuestos hechos acostumbran a ser plausibles o parecerlo, y se acompañan de verdades a medias que cimentan el bulo, aunque por sí solos no sean prueba fundamentada de nada. Como en muchos campos, la navaja de Ockham sirve también para afilar muchos argumentos, «en igualdad de condiciones, la explicación más sencilla suele ser la más probable».

La suposición mayoritaria en el mundo científico en el momento de redactar el libro era que del mismo modo que en el caso del SARS-CoV-1, el coronavirus pudo provenir de un algún ejemplar de murciélago, unos animales que contienen colonias enteras de coronavirus. De este animal posiblemente saltó a un posible portador o huésped intermedio, el cual se ha apuntado que podría ser un pangolín o una civeta[14]. El salto de estos pequeños animales al hombre según el análisis de los primeros contactos entre los infectados pudo tener lugar en el mercado de mariscos Huanan de Wuhan, foco de los primeros contagios y que se cerró el 1 de enero de 2020, justo al inicio del brote en China. De la curiosidad antropológica a la caza ilegal, el mercado a ojos de un occidental es un foco de atracción, pero también de transmisión de enfermedades. La cita «en China se come todo lo que vuela menos los aviones, todo lo que nada menos los barcos y todo lo que tenga patas menos las mesas» toma más sentido que nunca, con las dificultades de control que ello conlleva[15].

Como si estuviéramos jugando al clásico Cluedo (un asesino, una habitación, un arma), además de un mercado que nos evoca aquello desconocido, en nuestra historia aparece también el hecho de que precisamente en Wuhan se encuentra uno de los principales laboratorios para el estudio de virus, el Instituto de Virología de Wuhan dependiente de la Academia China de las Ciencias (CAS, por sus siglas en inglés). Dicho instituto es uno de los pocos donde es posible estudiar al más alto nivel de bioseguridad, el llamado BSL-4, que permite poder estudiar los patógenos más peligrosos del mundo. Como es lógico, las teorías de la conspiración se han centrado en este aspecto para dejar claro que existía una causalidad y no una posible casualidad.

Aunque no sean bulos propiamente dichos, los primeros días de la crisis nos llegaron también las habituales predicciones sobre quién ya había predicho que todo aquello ocurriría. Desde mi

14 Peinado Lorca, M. (2020). *Murciélagos y pangolines: el coronavirus es una zoonosis, no un producto de laboratorio* https://theconversation.com/murcielagos-y-pangolines-el-coronavirus-es-una-zoonosis-no-un-producto-de-laboratorio-135753 [consulta: 20 mayo de 2020]

15 Arana, I. *China intenta sin éxito cerrar los mercados de animales vivos* https://www.lavanguardia.com/internacional/20200408/48384486815/china-intenta-sin-exito-cerrar-mercados-animales-vivos.html [consulta: 20 mayo de 2020]

punto de vista, este tipo de noticias y curiosidades favorecen la visión de planificación de los acontecimientos y abren la puerta a los bulos (el famoso «*What if...?*»). Así, de la misma forma que un reloj estropeado acierta la hora dos veces al día, hemos podido comprobar cómo la crisis ya había sido predicha, no solo por los Simpsons en alguno de sus casi 700 episodios, claro está. Por ejemplo, en el libro de Sylvia Browne *End of Days: Predictions and Prophecies about the End of the World*, donde afirma que «alrededor de 2020, una enfermedad grave similar a la neumonía se extenderá por todo el mundo, atacando a los pulmones y los bronquios y resistiendo todos los tratamientos conocidos. Casi más desconcertante que la propia enfermedad será el hecho de que se desvanecerá tan pronto como llegó, atacará de nuevo diez años después para "luego desaparecer por completo"». Fue escrito en 2008, lo que hace volar nuestra imaginación. Del mismo modo, el escritor Dean Koontz en 1980 en su libro *The eyes of darkness* hablaba de una enfermedad llamada Wuhan-400 que se extiende en esa ciudad. Curiosamente, como destacan en la web Nius, en la primera versión de 1981, el virus se llamaba Gorki-400, creado por los rusos en dicha ciudad. Pero el nombre se cambió a Wuhan-400 a partir de 1989, coincidiendo con el final de la guerra fría[16]. Así pues, la situación geopolítica instala escenarios de imaginación respecto al enemigo, como se ha podido ver desde las novelas de James Bond. Que elementos de casualidad pasen a ser definidos como argumentos en favor de teorías de la conspiración nos lleva a la siguiente evolución del bulo, el sesgo de informaciones ciertas que se usan para demostrar una premisa falsa. Veamos algunos casos.

Una de los más interesantes bulos desde mi punto de vista fue en el que circularon fragmentos de un programa de televisión italiano emitido por la RAI en 2015, donde se trataba la experimentación con

---

16 Marrón, M. *¿Está escrito el final del coronavirus? Dos libros «predijeron» cómo nació y cuándo acabará* https://www.niusdiario.es/vida/visto-oido/prediccion-teorias-coronavirus-libros-ficcion-simpsons-resident-evil-donald-trump_18_2905095188.html [consulta: 20 mayo de 2020]

virus en el laboratorio de Wuhan que hemos descrito anteriormente. Dicho programa se hacía eco de un artículo publicado poco antes en la revista *Nature Medicine*[17] sobre el peligro potencial de un coronavirus parecido al SARS-CoV-1, el SHC014-CoV. En dicho estudio, los investigadores «crearon un virus quimérico, compuesto por una proteína de superficie de SHC014 y la columna vertebral de un virus del SARS que se había adaptado para crecer en ratones e imitar enfermedades humanas»[18].

Evidentemente, ello generaba un importante debate sobre la conveniencia de dichas investigaciones y los riesgos que podía tener, pero no implicaba una relación causa-efecto por sí sola. En otro artículo en *Nature* donde se daba cuenta del hallazgo, la propia revista ha añadido un comentario conforme son conscientes que el artículo ha dado pie a la teoría de la creación artificial del SARS-CoV-2 pero aclaran que no tiene ninguna relación. El propio Matteo Salvini se llegó a hacer eco del programa y ha sido uno de los principales argumentos a favor de la injerencia humana. Según las evidencias científicas y teniendo en cuenta que Italia fue el país de origen del bulo, podemos decir que «non e vero» pero quizás «e ben trovato».

Otro de los bulos asociados a Wuhan y el laboratorio que circuló al principio de la crisis tiene como protagonista a Bill Gates. Es habitual que entre los bulos habituales pensados para atraer visitas a páginas web y medios de dudosa credibilidad existan noticias vinculadas a famosos actores o cantantes globales, pero en este caso hablamos de uno de los empresarios más ricos y conocidos del planeta. Estos pseudomedios son dependientes del *clickbait* o cebo de clics, prácticas y titulares dudosos y exagerados, cuando

17 Menachery, *et al.* (2015). «A SARS-like cluster of circulating bat coronaviruses shows potential for human emergence». *Nature Medicine*, vol. 21, pp. 1508–1513 https://www.nature.com/articles/nm.3985

18 Butler, D. (2015). *Engineered bat virus stirs debate over risky research* https://www.nature.com/news/engineered-bat-virus-stirs-debate-over-risky-research-1.18787#/b1 [consulta: 20 mayo de 2020]

no falsos, para atraer a usuarios a una página web con la intención de tener beneficios económicos de publicidad, en función de las visitas.

A medio camino entre la predicción y el posible móvil, en el caso del fundador de Microsoft, la media verdad, el poso que parece confirmar las premisas posteriores, es el hecho de que en 2015 Bill Gates diera una charla de tipo TED Talk (por *Technology, Entertainment, Design*) llamada «The next outbreak? We're not ready», donde avisaba que antes que a una guerra nuclear, deberíamos estar preparándonos para una epidemia global[19]. Parece más fácil hacerlo culpable del presente que pensar que por su trayectoria como innovador se trata de una persona con una mejor visión estratégica de escenarios de futuro, y además muy bien informada. Cabe recordar que la Fundación Bill y Melinda Gates es uno de los financiadores privados de investigación más importantes a nivel global. Por cierto, dicha fundación dispone de políticas claras para que todos los hallazgos científicos sean publicados en abierto, tanto los datos primarios como los artículos científicos para que los puedan usar todos los investigadores. Máxima transparencia, pues. Retomaremos en otro de los capítulos el ensañamiento en los bulos con Bill Gates, puesto que ha sido utilizado también como blanco en campañas de conspiración por parte de la derecha alternativa en Estados Unidos. También hemos visto cómo Miguel Bosé se ha hecho eco de estos bulos, cosa que ha producido que se hable mucho más de ellos. El famoso como caja de resonancia y amplificación[20].

En cuanto a otros bulos que confirman una intervención humana en la difusión del COVID-19, por supuesto encontramos la teoría

---

19 TED. *The next outbreak? We're not ready* https://www.youtube.com/watch?time_continue=2&v=6Af6b_wyiwI&feature=emb_logo [consulta: 20 mayo de 2020]

20 *Miguel Bosé arremete contra las vacunas para la Covid-19* https://www.lavanguardia.com/gente/20200609/481700707591/miguel-bose-arremete-vacunas-covid19-coronavirus.html [consulta: 15 junio de 2020]

de que se trata de un arma biológica que de forma accidental o intencionada se propagó. Por ejemplo, Mahmoud Ahmadinejad, el expresidente de Irán, envió una carta al presidente de las Naciones Unidas, Antonio Guterres, donde le decía que era evidente que se trataba de un arma biológica del *statu quo* para mantener la supremacía económica y el poder mundial.

 Mahmoud Ahmadinejad ✓
@Ahmadinejad1956

It is clear to the world that the mutated coronavirus was produced in lab, manufactured by the warfare stock houses of biological war belonging to world powers,& that it constitutes a threat on humanity more destructive than the other weapons that target humanity.@antonioguterres

Tuit de Mahmoud Ahmadinejad en relación al coronavirus (9 de marzo de 2020).

Fuente: https://twitter.com/Ahmadinejad1956/status/1237072414841937920

Otro hecho que contribuyó en sus inicios a la especulación sobre el origen humano en la creación del brote de coronavirus ha sido muy bien desmontado y verificado por Snopes, un grupo de verificación de los Estados Unidos. Hablamos de la detención juntamente con dos ciudadanos chinos de Charles Lieber, un profesor de Harvard University[21]. Analicemos el caso más detenidamente. El 29 de enero de 2020, un mes después del inicio de la crisis sanitaria y cuando en Occidente aún se desconoce el alcance de la enfermedad y la principal afectación está teniendo lugar solo en China, el Departamento de Justicia de los Estados Unidos detiene al responsable del Departamento de Química y Biología Química de una de las principales universidades americanas. Y ello por su relación con China, y específicamente con una universidad

---

21 Evon, D. *Was Charles Lieber Arrested for Selling the COVID-19 Coronavirus to China?* https://www.snopes.com/fact-check/charles-lieber-arrested-coronavirus/?collection-id=240413 [consulta: 20 mayo de 2020]

situada en...Wuhan, la Wuhan University of Technology. Sin duda, miel sobre hojuelas para los creadores de bulos y teóricos de las conspiraciones.

Así fue, empezaron a circular rumores de que su detención era debido al hecho de que había ayudado a crear o difundir el virus para China. La administración tuvo que aclarar que la detención se debía a las malas prácticas derivadas de la investigación en nanociencia por parte del doctor Lieber, al recibir fondos del Institutos Nacionales de Salud (NIH, por sus siglas en inglés) y del Departamento de Defensa (DOD). Estas subvenciones «requieren la divulgación de conflictos de intereses financieros extranjeros importantes, incluido el apoyo financiero de gobiernos extranjeros o entidades extranjeras»[22]. Según parece, el investigador también recibió fondos de China y participó en su programa Plan de los Mil Talentos de China, desde 2012 hasta 2017, y no informó de ello a las autoridades americanas. Es muy posible que este último bulo les sea desconocido al no haberse difundido en demasía fuera de los Estados Unidos.

En algunos casos, los bulos también tienen las patas muy cortas. Pero ¿qué ocurre si una información es difundida por un presidente y un secretario de estado? ¿Cómo verificar el intercambio de acusaciones mutuas entre los dos principales países del mundo? ¿Quién puede combatir la desinformación cuando la propia OMS estuvo siendo cuestionada por Trump durante toda la crisis sanitaria? Ello hace más difícil evitar caer en bulos o, vía el péndulo, pasar de creérselo todo a no creerse nada, lo cual sería también un problema en las democracias liberales y uno de los aspectos que más preocupan de las *fake news* por cuanto debilitan las estructuras de confianza en que se basan los sistemas políticos. Es en estos casos cuando hablamos de un perfil de creador de

---

22 Department of Justice. *Harvard University Professor and Two Chinese Nationals Charged in Three Separate China Related Cases* https://www.justice.gov/opa/pr/ harvard-university-professor-and-two-chinese-nationals-charged-three-separate-china-related [consulta: 20 mayo de 2020]

bulos (científicos o no), que lo que quieren es crear un estado de caos en el cual su ideología, normalmente alternativa, pueda ser una elección para las clases medianas[23]. En estos casos no es tan importante el contenido en sí de cada bulo sino el bombardeo continuo y campañas de bulos para intentar que la desinformación vaya minando el clima social y político.

Pero volvamos a la visión del origen del COVID-19 y cómo ha impactado en las difíciles relaciones diplomáticas desde la llegada de Donald Trump a la presidencia de los Estados Unidos. En primer lugar, tengamos en cuenta que todo lo que está aconteciendo en relación a la crisis sanitaria se produce en un momento de la lucha de poder geopolítico entre Estados Unidos y China, en pugna no solo por la supremacía comercial sino en otros múltiples aspectos como la producción científica[24]. Una nueva guerra fría, comercial y digital, tal y como veremos en el siguiente capítulo de este libro en relación al 5G.

Imagen gráfica del choque comercial y digital entre China y los Estados Unidos.

---

23 López-Borrull, A. (2020) «Fake news y coronavirus: la información como derecho y necesidad». COMeIN , núm. 98. https://doi.org/10.7238/c.n98.2025

24 Tollefson, J. (2018). «China declared world's largest producer of scientific articles», *Nature*, https://www.nature.com/articles/d41586-018-00927-4 [consulta: 20 mayo de 2020]

En este contexto, me parece especialmente importante considerar la forma en la cual se dejan entrever afirmaciones en un lenguaje escogido, pero terriblemente ambiguo en momentos en los cuales los ciudadanos piden certezas y no conjeturas. Así, el 3 de mayo, el secretario de estado norteamericano, Mike Pompeo, afirmó en una entrevista para el programa ABC's This Week que «existe una enorme evidencia de que ahí [por el laboratorio de Wuhan] es donde comenzó esto», y luego agregó «puedo decirle que hay una cantidad significativa de evidencia de que esto provino de ese laboratorio en Wuhan»[25]. A todo ello, sin aportar ninguna de las evidencias. El hecho de que como puede parecer lógico un cargo de su importancia tenga acceso a información sensible clasificada puede en efecto dar una pátina de credibilidad a la información, cuando en realidad alguien esperaría que si el jefe de la diplomacia de un país diera esta información fuera acompañada de las máximas pruebas posibles. Por su parte, Trump dos días antes también se había apuntado a esta teoría, afirmando el 1 de mayo que «Sí, sí las tengo [las pruebas] y creo que la Organización Mundial de la Salud (OMS) debería estar avergonzada».

Sin embargo, el director de Inteligencia Nacional, Richard Grenell, afirmó que «La comunidad de Inteligencia también coincide con el amplio consenso científico de que el virus de la Covid-19 no es ni artificial ni genéticamente modificado». Como recoge la agencia EFE, la agencia federal también agregó en un comunicado que «la comunidad de Inteligencia continuará examinando rigurosamente la información y los datos que emerjan para determinar si el brote (de coronavirus) comenzó a través del contacto con animales infectados o si fue resultado de un accidente en un laboratorio en Wuhan». Por tanto, de una forma más cauta lo que viene a decir es que trabajan con todas las opciones abiertas, aunque el

---

25 Singh, M.; *et al.* (2020). «Mike Pompeo: "enormous evidence" coronavirus came from Chinese lab». *The Guardian*, 3 de mayo 2020 https://www.theguardian.com/world/2020/may/03/mike-pompeo-donald-trump-coronavirus-chinese-laboratory [consulta: 20 mayo de 2020]

posible accidente es una de ellas. Pero de aquí a afirmarlo con tanta rotundidad va un trecho[26]. Por si no fuera poco, y tal como comentaba anteriormente que se le dio un nombre científico al virus para evitar estigmas, Trump continúa en muchas de sus apariciones públicas hablando del «virus de Wuhan». No olvidemos que la guerra de Irak tuvo como origen la afirmación de la existencia de armas de destrucción masiva por parte del gobierno de Saddam Hussein, información posteriormente desmentida.

Desde una visión oficial científica, me parece significativo constatar que Anthony Fauci, la cara científica visible en la lucha contra el COVID-19 (el equivalente a Fernando Simón en los Estados Unidos), afirmaba en una entrevista para National Geographic el 4 de mayo que «si nos fijamos en la evolución del virus en los murciélagos y lo que hay ahí fuera ahora, [la evidencia científica] se inclina muy, muy fuertemente hacia esto, no podría haber sido manipulado artificial o deliberadamente... Todo sobre la evolución gradual a lo largo del tiempo indica fuertemente que [este virus] evolucionó en la naturaleza y luego saltó a otras especies». A todo ello, tampoco se dispone de una teoría alternativa basada en el hecho de que el virus fuera encontrado en la naturaleza, llevado a un laboratorio y de allí escapara accidentalmente[27].

Como en aquel viejo dicho de que dos no se pelean si uno no quiere, cabe decir que también por parte de las autoridades chinas han situado la responsabilidad de la pandemia en el rival norteamericano. Por ejemplo, Zhao Lijian, portavoz del Ministerio de Relaciones Exteriores de China, ha promovido repetidamente la

---

26 *Trump contradice a su espionaje y sostiene que el virus se originó en un laboratorio de Wuhan* https://www.lavanguardia.com/internacional/20200501/48868575134/trump-espionaje-coronavirus-origen-laboratorio-wuhan.html [consulta: 20 mayo de 2020]

27 Akpan, N. *Fauci: No scientific evidence the coronavirus was made in a Chinese lab* https://api.nationalgeographic.com/distribution/public/amp/science/2020/05/anthony-fauci-no-scientific-evidence-the-coronavirus-was-made-in-a-chinese-lab-cvd?__twitter_impression=true [consulta: 20 mayo de 2020]

idea, sin evidencia, de que el Covid-19 podría haberse originado en los Estados Unidos al difundir vía Twitter una página web donde lo afirmaban y recomendar la lectura de este. El 12 de marzo, dijo en un tuit que podría haber sido el ejército estadounidense el que trajo el virus a Wuhan[28]. Tal como relata un artículo del *New York Times*, la versión china parece referirse a «los Juegos Mundiales Militares, que se celebraron en Wuhan en octubre. El Pentágono envió 17 equipos con más de 280 atletas y otros miembros del personal al evento, mucho antes de cualquier brote reportado»[29]. De nuevo, Wuhan en el medio de cualquier guiso. Como decía el malogrado Aute, «pasaba por aquí...».

Más allá de desentrañar la telaraña, origen y motivos de los bulos y los equívocos, parece oportuno comentar las evidencias científicas que se tienen hasta el momento y sus implicaciones. Por lo que respecta a las verificaciones de los bulos y qué es aquello que se sabe en junio de 2020, el principal artículo de referencia es el publicado en la revista *Nature Medicine* el 17 de marzo[30] por K.G. Andersen y otros en el que afirman claramente en el segundo párrafo que «nuestros análisis muestran claramente que el SARS-CoV-2 no es una construcción de laboratorio o un virus manipulado a propósito». De todas formas, porque también es interesante entender que las certezas son a veces acumulativas y mientras no se demuestra lo contrario, en las conclusiones el redactado es el siguiente:

«Las características genómicas descritas aquí pueden explicar en parte la infecciosidad y la transmisibilidad del SARS-CoV-2 en

---

28 Sardarizadeh, S.; *et al.* «Coronavirus: US and China trade conspiracy theories» https://www.bbc.com/news/world-52224331 [consulta: 20 mayo de 2020]

29 Myers, S. L. *China Spins Tale That the U.S. Army Started the Coronavirus Epidemic* https://www.nytimes.com/2020/03/13/world/asia/coronavirus-china-conspiracy-theory. html [consulta: 20 mayo de 2020]

30 Andersen, K.G.; *et al.* (2020). «The proximal origin of SARS-CoV-2». Nature Medicine vol. 26, pp. 450–452 https://doi.org/10.1038/s41591-020-0820-9

humanos. Aunque la evidencia muestra que el SARS-CoV-2 no es un virus manipulado a propósito, actualmente es imposible probar o refutar las otras teorías de su origen descritas aquí. Sin embargo, dado que observamos todas las características notables de SARS-CoV-2, incluido el RBD optimizado y el sitio de escisión polibásica, en coronavirus relacionados en la naturaleza, no creemos que ningún tipo de escenario de laboratorio sea plausible».

Por lo que respecta al mercado como origen del brote, el 30 de enero aparecía en la versión online de la revista *Lancet* un artículo que describía que se hizo un estudio de los 41 primeros infectados en el cual se concluyó que 27 de ellos habían podido tener una exposición directa al SARS-CoV-2 en el mercado de Huanan[31]. Paralelamente, otro artículo en *The New England Journal of Medicine* estudió los 425 primeros casos y de ellos el 55 % de los casos estaba relacionado con el mercado de Huanan[32].

Desde la comunidad científica ha habido apoyos diversos a la profesionalidad de los científicos chinos ante las acusaciones a su trabajo. En una carta publicada en *Lancet*, diversos científicos les han dado apoyo público[33].

Por su parte, una de las más reputadas investigadoras chinas del Instituto de Virología de Wuhan, el laboratorio que como hemos visto está en el centro de los bulos, ha hecho diversas declaraciones que me parecen interesantes. En primer lugar, Shi Zhengli, que así se llama la investigadora, ha afirmado que el virus fue el resultado

31 Huang, C.; *et al.* (2020). «Clinical features of patients infected with 2019 novel coronavirus in Wuhan, China» *Lancet,* vol. 395, pp. 497–506 https://doi.org/10.1016/S0140-6736(20)30183-5

32 Li, Q. (2020). «Early Transmission Dynamics in Wuhan, China, of Novel coronavirus-infected Pneumonia» *N Engl J Med,* vol. 382: pp. 1199-1207 https://www.nejm.org/doi/full/10.1056/NEJMoa2001316

33 Calisher, C.; *et al.* (2020). «Statement in support of the scientists, public health professionals, and medical professionals of China combatting COVID-19» *Lancet,* vol. 395, pp. e42-e42 https://doi.org/10.1016/S0140-6736(20)30418-9

de «la naturaleza castigando los hábitos y costumbres incivilizados de los humanos», y que está dispuesta a «apostar mi vida a que [el brote] no tiene nada que ver con el laboratorio»[34]. Significativamente, en unas declaraciones en el periódico *South China Morning Post* recogidas en múltiples medios de comunicación, la llamada *Bat Woman* ha manifestado que «continuará estudiando patógenos desconocidos porque los que han sido descubiertos son solo la punta del iceberg».[35]

Finalizamos el capítulo dedicado al origen del brote de coronavirus considerando que desde nuestro punto de vista las evidencias científicas existentes van poco a poco consolidando el origen natural del brote, sin intervención de tipo humano. Las principales dudas, incluso las del mundo político, responden de momento al contexto de guerra comercial entre los Estados Unidos y a la necesidad de gestión del prestigio de los dos países y de limpiar su imagen (y la de sus gobernantes, alguno de los cuales con próximas elecciones en noviembre), sobre todo en momentos de crítica interna relacionados con una curva ascendente de contagios y muertes. El ritmo lento de la ciencia en su sedimentación progresiva choca con la necesidad acuciante de respuestas, seguridad (y a menudo, excusas) por parte del mundo político. Un cóctel peligroso que hace perder tiempo y esfuerzos. ¿De aquí a dos años tendremos la certeza de que surgió de un laboratorio chino? Podría ser, y aunque con los indicios que ahora sabemos apuntaríamos a todo lo contrario, estoy convencido de que en un futuro continuará habiendo gente que no se crea la versión oficial que el mundo científico acabe validando. Pero como decíamos al principio, la historia la escriben los vencedores. No así los hechos científicos.

---

34 Zhihao, Z. *Coronavirus conspiracy debunked by Wuhan researcher* https://global.chinadaily.com.cn/a/202002/02/WS5e36b2b7a31012821727432e.html [consulta: 20 mayo de 2020]

35 Pinghui, Z. *China's "bat woman" at centre of coronavirus theories says her work helped identify new strain fast* https://www.scmp.com/news/china/science/article/3086180/chinas-bat-woman-centre-coronavirus-theories-says-her-work [consulta: 20 mayo de 2020]

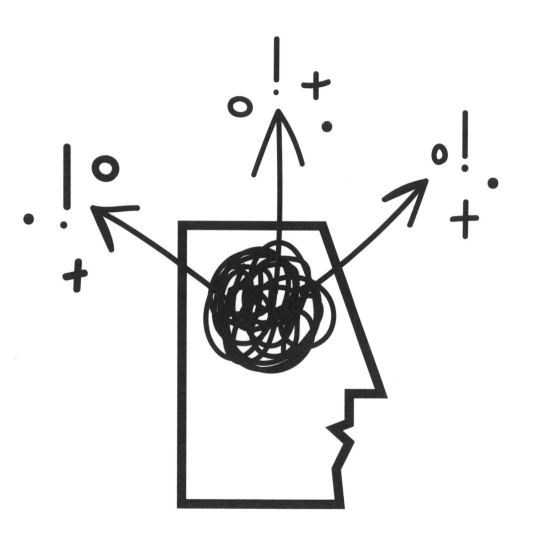

2

COVID-19, LAS ANTENAS 5G COMO DIFUSORAS DEL VIRUS

Así como en el capítulo anterior hemos visto cuáles eran los principales bulos relacionados con el origen del COVID-19 y la posible intervención humana, en este caso analizaremos uno que estuvo muy relacionado con la transmisión y la capacidad del cuerpo humano para desarrollar defensas frente a la COVID-19. Nos referimos a los distintos rumores que tuvieron la tecnología 5G como eje de conexión. Como explica Javier Flores en un artículo en *National Geographic*, «esta nueva tecnología móvil aumentará la velocidad de conexión, reducirá al mínimo la latencia (el tiempo de respuesta de la web) y multiplicará exponencialmente el número de dispositivos conectados»[36]. Por tanto, más móvil, más datos, más sensores y más *Big Data*. Para muchos un avance hacia una sociedad con más conocimiento y mejores decisiones. Sin embargo, para otros colectivos, un cambio social en una cárcel más tecnificada, con menos privacidad y más poder para gobiernos y multinacionales.

---

36 Flores, J. *Qué es el 5G y cómo nos cambiará la vida* https://www. nationalgeographic.com.es/ciencia/que-es-5g-y-como-nos-cambiara-vida_14449 [consulta: 20 mayo de 2020]

Significativamente y a semejanza de los pogromos de la era medieval contra los barrios judíos, las medias verdades y el ensañamiento en la búsqueda de un culpable en momentos de zozobra e incertidumbre generaron escenas de violencia ante algunos de los símbolos de la nueva sociedad que tecnologías como el 5G está dibujando.

Sin duda, llueve sobre mojado, y hablaremos de un nuevo tipo de neoludismo también digital, donde los culpables parecen ser las infraestructuras que tienen relación con la generalización en la sociedad del conocimiento digital tal y como la entendemos hoy en día. En especial, el uso de antenas que sirven para emitir ondas que ayudan a transmitir información y que son utilizadas masivamente por teléfonos móviles en la actualidad, y que en un futuro nos van a conectar con una infinidad de pequeños y grandes electrodomésticos y sensores, el conocido como el Internet de las cosas (*IoT*, por sus siglas en inglés). A este cóctel añadiremos opiniones *outsiders* de científicos, famosos que viralizan y difunden contenidos no verificados y, de nuevo, protagonistas y sospechosos habituales de las teorías de la conspiración como George Soros o Bill Gates.

En un artículo muy oportuno en la revista *Wired*, James Temperton ha hecho una descripción detallada de cómo se pudo originar uno de los focos que relacionan el 5G con el coronavirus de forma directa[37]. Así, ya el 22 de enero, cuando la crisis sanitaria aún se centra en la provincia de Wuhan y en el mundo occidental se dispone de la poca información que el gobierno chino (con el beneplácito de

---

37 Temperton, J. *How the 5G coronavirus conspiracy theory tore through the internet* https://www.wired.co.uk/article/5g-coronavirus-conspiracy-theory [consulta: 20 mayo de 2020]

la OMS) va dando con cuentagotas, se publica en un periódico belga, *Het Laatste Nieuws*, una entrevista con el médico Kris Van Kerckhoven que afirma que la tecnología 5G es peligrosa y que, además, podría estar relacionada con el coronavirus. Así, se afirma que desde 2019 la ciudad de Wuhan ha sido una de las primeras ciudades donde se han instalado las torres de la tecnología 5G. Respecto a la relación entre ambos hechos, aunque admite que no existe una certeza, podría ser que hubiera relación entre ellos. Sin duda, este «podría ser» es la chispa necesaria para que información alternativa e incluso disidente circule viralizada por la red y sea ampliamente difundida. A partir de aquí, los grupos activistas en contra de los 5G convergen sin quererlo con los intereses de los conspiracionistas y se convierten en terreno abonado para los rumores, y la bola científica (nunca mejor dicho) va creciendo. Aunque la noticia en la versión digital fue corregida, uno de los principales cambios fue que pasó a ser difundida mediante vídeos en Youtube y obtuvo una mayor viralización.

En otro ejemplo perfecto entre la necesaria simbiosis para la difusión de bulos científicos entre científicos (por el prestigio) y famosos (por la capacidad de influencia y alcance) en nuestra era digital, otro de los focos de esta historia tuvo como protagonista al actor Woody Harrelson, conocido por la serie Cheers pero también por ser activista político y ambiental[38]. A finales de marzo, el actor colgó en su perfil de Instagram un escrito del investigador Martin Pall, especialista en el estudio de los campos electromagnéticos de frecuencia de microondas (MWV-EMF, por sus siglas en inglés) en el cuerpo humano. Según el texto, ponía de nuevo el foco sobre el hecho de que Wuhan, otra vez Wuhan, fuera la primera ciudad totalmente 5G, y que viendo cómo se ha convertido en el epicentro de la epidemia (en aquel momento aún no pandemia), tendría todo

---

38 Kerr, S. *Woody Harrelson, John Cusack Among Celebrities Promoting 5G Coronavirus Conspiracy Theory* https://celebrityinsider.org/woody-harrelson-john-cusack-among-celebrities-promoting-5g-coronavirus-conspiracy-theory-385785/ [consulta: 20 mayo de 2020]

el sentido estudiar mejor la posible causalidad y correlación entre los dos hechos. Después de las críticas y desmentidos oficiales, el actor retiró el contenido, además de un vídeo que había colgado a continuación donde afirmaba que los chinos ya estaban derribando las torres 5G, cuando de hecho eran imágenes de las protestas del 2019 en Hong Kong a favor de más democracia en la ciudad-estado bajo el control de China. De allí surgió una campaña en change.org para parar la instalación de 5G que los países están actualmente llevando a cabo. Cuenta Temperton que la campaña se cerró, pero que tenía ya más de 100 000 inscritos.

La propia OMS ha tenido que hacer un esfuerzo de comunicación creando el portal *Myth Busters*[39], donde van desmintiendo los principales bulos científicos sobre la crisis sanitaria, con infografías como la que se presenta a continuación donde se afirma que las redes 5G no transmiten el COVID-19, puesto que los virus no viajan a través de ondas de radio o móvil, ni existe una correlación entre los países que ya han instalado el 5G y los brotes epidémicos.

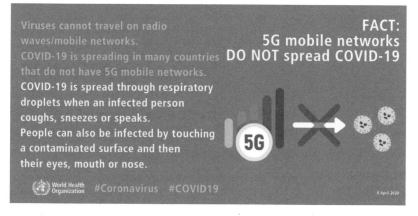

Infografía creada por la OMS para luchar contra bulos y conspiraciones.

Fuente: https://www.who.int/emergencies/diseases/novel-coronavirus-2019/advice-for-public/myth-busters

---

39 OMS. *Coronavirus disease (COVID-19) advice for the public: Myth busters* https://www.who.int/emergencies/diseases/novel-coronavirus-2019/advice-for-public/myth-busters [consulta: 20 mayo de 2020]

Recapitulando, el papel de la plausibilidad de nuevo es importante, es información de tipo científica bien explicada y argumentada, aunque adolece del hecho de que algunas de las premisas son falsas. Pero como decían los dibujos animados del super ratón, «no se vayan todavía, que aún hay más».

Como comentábamos anteriormente, este bulo sobre el coronavirus y el 5G es significativo porque pasó de las redes sociales al mundo real, con la aparición de violencia, saqueos y ataques a antenas de telefonía móvil. El principal foco tuvo lugar en el Reino Unido. Tal como recoge el *New York Times*[40], el 2 de abril, una torre inalámbrica fue pasto de las llamas en Birmingham. Así, hasta contabilizar 100 incidentes informados de ataques y pequeños sabotajes. En el mismo artículo del periódico norteamericano analizan el impacto en medios sociales del bulo y hablan de «487 comunidades de Facebook, 84 cuentas de Instagram, 52 cuentas de Twitter y docenas de otras publicaciones y vídeos que impulsaron la conspiración». Además, cabe destacar que dichas comunidades crecen con este tipo de noticias, algo que es realmente preocupante, por cuanto el motivo por el que se entra en una de estas comunidades de información alternativa puede ser un bulo, pero la fidelización puede incluir elementos de propaganda y adoctrinamiento a medio y largo plazo. En el caso del Reino Unido, la reciente decisión del primer ministro Boris Johnson de llegar a un acuerdo con Huawei (pese a las presiones evidentes de Trump) para desarrollar las antenas 5G en el país han pesado sobre los hechos por cuanto han situado en el marco mental el 5G, el acuerdo con China y que los males provenían de allí.

También el verificador Maldita.es ha desmentido los contenidos de un vídeo, muy viralizado en las redes, del médico Thomas Cowan, donde a partir de una serie de argumentos alternativos presenta su

---

40 Satariano, A.; *et al. Burning Cell Towers, Out of Baseless Fear They Spread the Virus* https://www.nytimes.com/2020/04/10/technology/coronavirus-5g-uk.html?referringSource=articleShare [consulta: 20 mayo de 2020]

certeza (no hipótesis) del efecto del 5G en la crisis sanitaria[41]. Según Cowan, «los virus son la "manifestación de una célula intoxicada" y "cada pandemia de los últimos 150 años se corresponde con un salto cuántico en la electrificación de la Tierra": la llamada "gripe española" con la expansión de las ondas de radio, la que se produjo al final de la segunda guerra mundial con la introducción de radares... y la COVID-19 con el 5G»[42]. Recordemos que una de las ideas principales es el hecho de que Wuhan es una ciudad donde se ha instalado el 5G, como si fuera la principal prueba, olvidando que solo en China ciudades como Pekín, Shanghái y Nanjing también tienen torres 5G y no han tenido brotes tan fuertes[43]. Asimismo, recordar que parece razonable que las primeras torres 5G se hayan instalado en las principales (y más densas) ciudades, y que justamente sean estas mismas ciudades donde se hayan dado brotes más descontrolados por la misma densidad y capacidad por parte del virus de saltar de persona a persona. Sobre el hecho de que en Irán, unos los países más afectados en la primera ola de la pandemia, no existe la tecnología 5G, nadie de ellos ha apuntado nada. Cuando algún hecho impide la línea de puntos que trazan, simplemente se quita de la ecuación.

---

41 Maldita.es. Maldita Ciencia. *5G y coronavirus: no, la pandemia de COVID-19 no está causada por el 5G* https://maldita.es/malditaciencia/2020/06/01/video-coronavirus-5g-covid19-thomas-cowan/ [consulta: 20 mayo de 2020]

42 *No hay evidencias científicas que vinculen las redes 5G con el coronavirus* https://www.lavanguardia.com/vida/20200417/48574494158/no-hay-evidencias-cientificas-que-vinculen-las-redes-5g-con-el-coronavirus.html [consulta: 20 mayo de 2020]

43 Lee, C. *China officially launches 5G networks on November 1 [2019]* https://www.zdnet.com/article/china-officially-launches-5g-networks-on-november-1/ [consulta: 20 mayo de 2020]

Torre de comunicación para la transmisión de datos móviles.

Además de un conjunto relativamente pequeño de científicos que difieren del consenso científico basado en evidencias, y además de varios famosos que ayudan a viralizar el mensaje, hemos visto que la tormenta perfecta se produce cuando a la difusión se apuntan comunidades y medios que fomentan las teorías de la conspiración. Veamos algunos de estos casos.

En concreto, uno de los medios que se ha visto más reforzado ha sido RT, *Russia Today*, un altavoz de la visión geopolítica rusa que cuenta con sus filiales en inglés y español, para ayudar a expandir la visión de las cosas que tiene Rusia sobre todo aquello que acontece. Tal como apunta William J. Broad en mayo de 2019 en el *New York Times*, RT hace de altavoz de grupos de información alternativa, principalmente en relación a los transgénicos, las vacunas y también el 5G[44]. Con ello poco a poco va ganando presencia en el debate norteamericano para la construcción de marcos alternativos, y el 5G ha sido uno de sus caballos de batalla, con vídeos de hasta 2 millones de visitas[45]. Casualmente, una

---

44 Broad, W. J. *Tu celular 5G no afectará tu salud, pero Rusia quiere que pienses lo contrario.* https://www.nytimes.com/es/2019/05/16/espanol/celular-5g-rusia.html [consulta: 20 mayo de 2020]

45 RT America. *5G Wireless: A Dangerous 'Experiment on Humanity'* https://www.youtube.com/watch?v=H_f9gpg4t6c&feature=youtu.be&t=56 [consulta: 20 mayo de 2020]

tecnología en la cual pujan Estados Unidos y China, en una guerra estratégica por posicionarse en distintos países en la cual Rusia no juega ningún papel. Finalmente, en junio de 2019 Rusia decidió finalmente romper su idilio diplomático con Trump para pactar con Huawei la implantación de la tecnología 5G[46]. Los Estados Unidos han ido insistiendo repetidamente que vincularse a la compañía china es un error por cuanto pasa a ser el caballo de Troya del espionaje por parte de las autoridades chinas. De nuevo, la guerra fría digital que aparece en un momento de necesidad de certezas.

Por su parte, el grupo QAnon ha sido también activo en la difusión de los bulos relacionados con el 5G. Este grupo, tal y como lo describe Simón Posada, se activó en 2017 dentro del foro 4chan, creado en 2003 y donde se cuelgan noticias, bulos y aquello que normalmente se modera en cualquier otra plataforma. Para entendernos, como si fuera Forocoches para los Estados Unidos. Allí, un usuario *Qanónimo* (de aquí el nombre) afirmó tener acceso a información reservada en los Estados Unidos y ha ido describiendo una teoría de la conspiración en la cual el presidente Donald Trump está en lucha con un grupo de famosos activistas demócratas relacionados con pedofilia[47]. Según esta misma versión, «sus teorías más importantes son: que Obama, Clinton, Soros y otros manipuladores planean un golpe de Estado; que todos ellos y otros liberales forman parte de un grupo organizado de pederastia masiva e internacional; y que Trump es un justiciero que busca desbaratar la organización»[48].

---

46 Álvarez, R. *Huawei será la encargada de implementar la red 5G en Rusia tras un nuevo acuerdo entre China y el gobierno de Putin* https://www.xataka.com/empresas-y-economia/huawei-sera-encargada-implementar-red-5g-rusia-nuevo-acuerdo-china-gobierno-putin [consulta: 20 mayo de 2020]

47 Posada, S. *Qué es QAnon, la teoría de la conspiración según la cual Trump lucha contra la pedofilia y el «Estado profundo»* https://www.bbc.com/mundo/noticias-internacional-45053116 [consulta: 20 mayo de 2020]

48 Trula, E.M. *QAnon, la teoría de la conspiración de moda en EEUU, gana notoriedad gracias al creador de Minecraft* https://magnet.xataka.com/preguntas-no-tan-frecuentes/qanon-teoria-conspiracion-moda-eeuu-gana-notoriedad-gracias-al-creador-minecraft [consulta: 20 mayo de 2020]

Este grupo, con seguidores en todo el país, también han incluido a Bill Gates como el beneficiario de la pandemia. La lógica que subyace es que la misma que afirmaba que era el culpable que Microsoft tuviera tantos problemas con los virus para enriquecerse posteriormente con las soluciones a los mismos. Como vemos, de los virus informáticos o los virus biológicos.

Todos estos bulos y los ataques a las torres 5G en este caso nos llevan a poder hablar de un sector de la sociedad que se mueve en términos de lo que se ha llamado neoludismo, en este caso digital. A finales del siglo XVIII en Leicester, Reino Unido, surge el personaje de Ned Ludd, que da nombre al movimiento como un líder en la lucha contra la mecanización y las máquinas en medio del inicio de la revolución industrial. A lo largo del siglo XIX hubo también quemas de máquinas textiles, como los conocidos acontecimientos de Barcelona, o Alcoi[49]. Por analogía, el neoludismo tendría la expresión en la lucha contra la progresiva sustitución de la mano de obra humana por máquinas de nueva evolución. La tecnología móvil e Internet serían también ejemplos de la evolución hacia una sociedad mucho más tecnificada y con decisiones cada vez más automatizadas tomadas por algoritmos. Como en cada cambio de era, por cada acción existe también una reacción.

Cada nueva tecnología, y más cuando estamos hablando de ondas de radio, lleva intrínseca una serie de dudas sobre su inocuidad. El papel de la ciencia es demostrar que es inocua, pero también demostrar si no lo es. Debemos tener en cuenta que la ciencia avanza sobre evidencias fundamentadas y aceptadas por el más amplio consenso posible de científicos, y dicho proceso a veces es demasiado lento para la necesidad de información y certidumbre por parte de la ciudadanía. Recordemos el debate durante la crisis sanitaria por el SARS-CoV-2 sobre el uso de la mascarilla o el uso como medicamento de la hidroxicloroquina. En el caso de la propia

---

49 Castillo, I. *Alcoy 1821, cuando el odio a las máquinas llegó a España* http://ireneu. blogspot.com/2017/11/alcoy-luditas-1821.html

International Commission on non-ionizing radiation protection, ha tenido que desmentir por su parte ninguna conexión entre el COVID-19 y el 5G[50].

Sin duda, aquí también se está cuestionando en muchos casos no sin motivos, la relajación de cierto sector de la ciencia, la poca calidad en los estudios y la metodología, la presión por publicar que lleva a publicar demasiado temprano y sin todos los datos necesarios, así como que la atomización y competencia entre científicos lleva en muchos casos a no plantear estudios más ambiciosos y más concluyentes. En un interesante artículo del especialista Nájera López en *The Conversation*, el autor reflexiona sobre la mayor cantidad y menor calidad de estudios sobre los problemas de las antenas de telefonía móvil, muchos de ellos contrapuestos[51].

Tal como hace la ciencia, se puede afirmar que, de momento, las antenas 5G no presentan un factor de transmisión de la enfermedad producida por este coronavirus. Sobre el resto de los argumentos presentes en los bulos sobre que las ondas afectan a la respuesta inmunitaria ante el COVID-19, el conjunto de ondas no ionizantes (las que no afectan al ARN, como sí serían la UV) parece no afectar, del mismo modo que no presentan correlaciones con el cáncer a medio y largo plazo. Tal como afirma Fullfact, un verificador del Reino Unido[52], *Public Health England* ha dicho que no existe «evidencia convincente» de que la exposición por debajo de las pautas de la *International Commission on non-ionizing radiation protection* pueda causar efectos adversos para la salud. Entender que la ciencia se base también en que algo es cierto mientras no se demuestra lo contrario puede parecer menos seguro, pero también

50 ICNIRP. *COVID-19 AND RF EMF* https://www.icnirp.org/en/activities/news/news-article/covid-19.html [consulta: 20 mayo de 2020]

51 Nájera López, A. *Un estudio dice que las antenas son peligrosas y otro que no. ¿Cuál me creo?* https://theconversation.com/un-estudio-dice-que-las-antenas-son-peligrosas-y-otro-que-no-cual-me-creo-110671 [consulta: 20 mayo de 2020]

52 Grace, R. *The Wuhan coronavirus has nothing to do with 5G* https://fullfact.org/online/wuhan-5g-coronavirus/ [consulta: 20 mayo de 2020]

es un estímulo para seguir investigando. Y a ello se están dedicando muchos investigadores, en distintos países, distintas universidades y múltiples aproximaciones. La inexistencia de evidencias, del mismo modo que sucede con el wifi o el uso de móviles, muestra únicamente que no existen evidencias, y eso es algo que también debemos asumir. La resistencia o el miedo a las nuevas tecnologías son emocionalmente comprensibles, pero subjetivas ante un debate de hechos. Debemos, seguramente, situarnos entre la desconfianza y la sumisión, en un término medio sustentado por aquello que los expertos científicos vayan dilucidando.

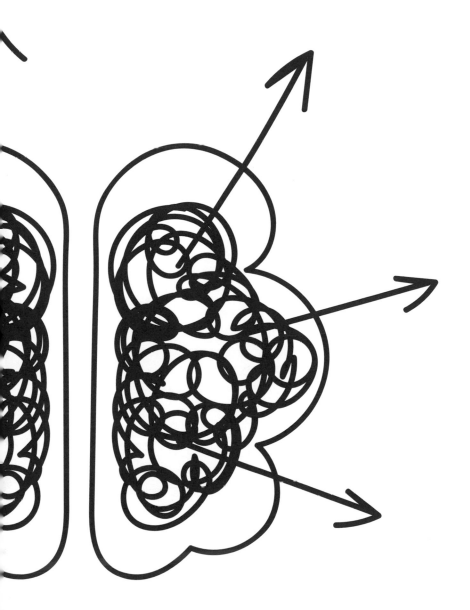

3

TRUMP Y BOLSONARO, CUANDO TU PRESIDENTE ES EL BULO CIENTÍFICO

En los dos capítulos precedentes hemos visto cómo la existencia de bulos y la desinformación relacionada con la información científica han jugado un papel importante desde el inicio de la crisis sanitaria por el COVID-19 y cuáles han sido los principales aspectos. Como hemos comentado, uno de los efectos de la desinformación es que puede llevar a desconfiar de la información oficial, que, aunque demasiado escasa en algunos momentos en el caso del SARS-CoV-2, sin duda, permite salvar vidas. Pero ¿qué sucede cuando la emitida por un líder político es una mezcla de opiniones e información engañosa? A su vez, veremos cuál es la relación y el papel que las redes sociales han jugado en esta crisis y una encrucijada a futuro que tienen en el balance entre la libertad de expresión y la verdad, ¿cuál es la medida adecuada en relación a las *fake news*, son la causa o la consecuencia? Sin duda, ha sido nuestra primera pandemia con redes sociales, y ello no ha resultado neutro. En muchos casos ha sido una ventana que nos ha transmitido empatía, proximidad y fuerza ante el confinamiento, aunque también como estamos viendo se observa un lado oscuro creciente merced a la desinformación.

En primer lugar, debemos entender que el nuevo modelo de sociedad de la información se está construyendo a base de las redes sociales; aunque ahora nos pueden parecer que llevan con nosotros mucho tiempo, debemos recordar que Facebook se fundó en 2004, Youtube en 2005, Twitter en 2006, y la más reciente, entre otras, Whataspp, en 2009. Por tanto, aún estamos en un proceso de aprendizaje y equilibrio en el papel que les queremos dar en nuestro día a día. Diversos estudios muestran ya que es uno de los lugares, más allá de los medios de comunicación, donde nos informamos[53]. Este hecho marca una diferencia importante por cuanto las redes sociales pasan a tener una responsabilidad cada vez mayor en la difusión de las llamadas *fake news* en general, y de desinformación científica en particular.

Sin embargo, no debemos olvidar que el modelo de negocio de las redes sociales no es la verdad, sino que lo es la experiencia, el *engagement*, la publicidad y los contenidos que los usuarios

53 López-Borrull, Alexandre (2020). «Elecciones presidenciales EE.UU. 2020: "Happy fake year!" (I)». *COMeIN*, núm. 95. https://doi.org/10.7238/c.n95.2008

comparten. Así pues, la desinformación se ha convertido en un peligro y un reto a futuro para las plataformas. Si los usuarios no confían en los contenidos, en los enlaces a medios de comunicación, las fotos y vídeos (manipulables, también, como estamos viendo con las llamadas *deep fake* que están emergiendo en el campo de la pornografía y la comunicación política), entonces ¿por qué vamos a querer entrar, compartir e interaccionar con contenidos de nuestros contactos?

Sabedoras de dichos peligros y obligados por gobiernos cada vez más preocupados por cuánto afectan las *fake news* a las democracias liberales[54], en esta infodemia paralela a la pandemia las redes sociales han optado por un nivel alto de control, moderación y curación de perfiles y contenidos que se han compartido desde el inicio de la crisis[55]. Así, por ejemplo, algunas de las acciones que han llevado a cabo han consistido en hacer más difícil la viralización de contenidos, como en el caso de Whatsapp que impide la viralización infinita a todos tus contactos de aquello que recibes. En el caso de Whatsapp debemos recordar que tiene un papel importante el hecho de que son tus propios contactos los que te envían contenido, y ello ya le confiere una credibilidad que juega en contra de la necesaria verificación de lo que recibimos. Por ello, antes de la crisis (octubre 2019) también había añadido el aviso de que algo había sido reenviado, y por tanto no escrito por tu contacto. También Facebook, Twitter, Youtube así como el buscador Google han creado enlaces de valor añadido a las búsquedas más habituales en relación a la crisis. De esta forma cuando se busca una determinada información en relación al coronavirus, muestra enlaces a contenidos de calidad y contrastados (en los lugares donde normalmente aparecen los contenidos publicitados), de forma que intentan crear un cauce hacia información contrastada.

---

54 Mcnair, B. *Fake News: Falsehood, Fabrication and Fantasy in Journalism*. Londres: Routledge, 2018. ISBN: 978-1-138-30679-0.

55 López-Borrull, Alexandre (2020). «Fake news» y coronavirus (y II): las redes sociales ante la desinformación. *COMeIN*, núm. 99 https://doi.org/10.7238/c.n99.2036

Pero la principal acción que han llevado a cabo las redes sociales es que han tenido un papel proactivo en la eliminación de contenidos que no estuvieran suficientemente contrastados. Normalmente, los usuarios pueden denunciar perfiles o contenidos si consideran que son peligrosos, llaman a la violencia, calumnian o propagan odio (también si consideran que es un material sensible). En este caso, pues, han eliminado falsas curas contra el coronavirus, como los vídeos de Josep Pàmies[56]. Evidentemente, ello ha conllevado críticas de los colectivos que defienden versiones alternativas. Con la excusa de la crisis sanitaria, se ha dado un paso adelante en convertir las redes sociales en espacios donde no todo se puede afirmar. Así, no es lo mismo crear las herramientas para que otros usuarios pueden quejarse y eliminar contenidos que hacerlo de forma proactiva, no solo con ayuda de algoritmos, sino también de curación por parte de personas. Aun así, algunos perfiles por su relevancia social parecían tener más pábulo que otros. De momento.

Consideremos, pues, el papel que determinados gobernantes han llevado a cabo en esta crisis sanitaria, en especial Trump y Bolsonaro. ¿Por qué estos perfiles por encima de otros? Principalmente porque, aunque dichos presidentes fueron elegidos de forma democrática, existe un debate político, social y académico de cómo se ayudaron, en mayor o menor medida, de las *fake news* difundidas por campañas masivas de desinformación, tanto en Estados Unidos donde se investigó la «trama rusa»[57] como en Brasil con un uso

---

56 Castillo, T. *Ni plantas, ni «lejía gourmet» contra el coronavirus: YouTube elimina vídeos que desinforman con supuestas curas milagrosas* https://www.genbeta.com/redes-sociales-y-comunidades/plantas-lejia-gourmet-coronavirus-youtube-elimina-videos-que-desinforman-supuestas-curas-milagrosas [consulta: 20 mayo de 2020]

57 López-Borrull, A.; *et al.* (2018). «Fake news, ¿amenaza u oportunidad para los profesionales de la información y la documentación?». *El profesional de la información*, vol. 27, núm. 6, pp. 1346-1356. https://doi.org/10.3145/epi.2018. nov.17

intensivo de whatsapps[58]. Nadie como Donald Trump ejemplifica el uso del concepto de *fake news* para situar en la otra orilla (la de la mentira) a los medios que le son críticos. Así se ha referido de forma continuada desde las primeras comparecencias como presidente a medios contrastados del ecosistema estadounidense como la CNN, la CNS, el *New York Times* o el *Washington Post*. Este último periódico, tomando un papel activo, ha pasado a hacer un contaje de las mentiras y medias verdades que ha contado de forma oficial y en su perfil de Twitter en sus tres años de cargo. En enero de 2019 ya contaban más de 16 000 en su análisis[59].

Ambos presidentes compartieron también inicialmente su estrategia ante la enfermedad, por lo que Ángeles Lucas los llamó «negacionistas de la catástrofe»[60], sobre todo por el hecho de que cuando la enfermedad se empezaba a transmitir y se llegaba en marzo al nivel de pandemia, seguían defendiendo que no sería para tanto, que esta enfermedad era como la gripe, y que desaparecería con el cambio de tiempo sin casi hacer nada. Posteriormente, las cifras de escenarios de posibles muertes en Estados Unidos (se llegó a hablar de 2,2 millones de muertes en el peor de los escenarios) llevaron a un cambio en su postura. En el caso de Bolsonaro, ha intentado seguir con su día a día como si nada, dándose baños de masas en actos públicos.

Es llamativo también el viaje que hizo el presidente brasileño a Miami y que pudo conectar dos brotes en los dos países. De hecho, como afirma el exministro de Salud de Brasil, Luiz Henrique Mandetta:

---

58 Canavilhas, J.; *et al.* «Desinformación en las elecciones presidenciales 2018 en Brasil: un análisis de los grupos familiares en WhatsApp». *El profesional de la información*, 2019, vol. 28, núm.5. https://doi.org/10.3145/epi.2019.sep.03

59 Kessler, G.; *et al. President Trump made 16,241 false or misleading claims in his first three years* https://www.washingtonpost.com/politics/2020/01/20/president-trump-made-16241-false-or-misleading-claims-his-first-three-years/ [consulta: 20 mayo de 2020]

60 Lucas, A. *Negacionistas de la catástrofe* https://elpais.com/internacional/2020-04-02/negacionistas-de-la-catastrofe.html [consulta: 20 mayo de 2020]

«lo que sé es que poco después de que (Bolsonaro) hiciera una visita a Estados Unidos cuando fueron a Florida y todos estaban cenando con el Sr. Trump, y su chico de comunicación... regresó al avión con la enfermedad y las personas que lo acompañaron, 17 dieron positivo en unos 15 días después de su llegada». «Así que este viaje fue realmente un coronaviaje»[61]. Parece relevante pues que se considere una imprudencia, como también lo es que desde el inicio de la crisis en Brasil ya se haya cesado a dos ministros de salud por choques con la visión de Bolsonaro. Tengamos en cuenta que, en marzo, Jair Bolsonaro aún consideraba la crisis sanitaria como un truco mediático[62]. Todo ello antes de contraer la enfermedad.

Significativamente, en este libro no hemos querido tratar sobre el uso de la hidroxicloroquina como medicamento efectivo para la lucha contra el COVID-19. Entiendo que es un debate abierto en la comunidad médica, que está generando posicionamientos claros y que incluso alguno de los artículos más contundentes contra su uso y que fue publicado en la revista *Lancet* (y otro en *The New England Journal of Medicine*) han sido retirados por la desconfianza en sus datos primarios[63]. Cabe recordar que la OMS usó dichos artículos para no recomendar durante un tiempo su administración. Así, pues, aunque sea aún pronto en el momento de finalizar la escritura del manuscrito, sí que me parece oportuno señalar que un líder político no tiene por qué ser un líder médico, el médico de la nación, y que por tanto no debe expresar su opinión sobre un tema que no tiene aún el consenso científico necesario.

---

61 Picheta, R.; *et al. La visita de Bolsonaro para reunirse con Trump en marzo fue un "coronaviaje", dice el exministro de Salud de Brasil* https://cnnespanol.cnn.com/2020/05/14/la-visita-de-bolsonaro-para-reunirse-con-trump-en-marzo-fue-un-coronaviaje-dice-el-exministro-de-salud-de-brasil/ [consulta: 20 mayo de 2020]

62 Philips, T. *Brazil's Jair Bolsonaro says coronavirus crisis is a media trick*

63 *La revista «The Lancet» se retracta del estudio crítico con la hidroxicloroquina* https://www.lavanguardia.com/vida/20200605/481602148220/revista-lancet-estudio-hidroxicloroquina.html [consulta: 20 mayo de 2020]

Esto viene a colación por el posicionamiento tácito de Trump y Bolsonaro a favor del mencionado medicamento. También en Francia hubo un posicionamiento inicial de Macron apoyando la visión del doctor Didier Raoult, pero ante la polémica que hubo, el presidente francés ha optado por un discreto silencio.

Hemos tratado cómo Twitter filtraba contenidos en las redes sociales. El propio Bolsonaro vio cómo uno de sus tweets era borrado por afirmar que el tratamiento con cloroquina «estaba funcionando». Twitter consideró que estaba difundiendo afirmaciones no contrastadas y por ello fue eliminado el contenido[64]. Trump y Bolsonaro demuestran tener en común un tipo de liderazgo que entiende que seguridad es mejor que la pedagogía, y que siempre habrá después una forma de recular en aquello que se dijo. Si minimizar el riesgo de la crisis sanitaria se contradice con la subida de contagios y muertos, es el momento de cuestionar el origen del virus (como hemos visto en el capítulo anterior) o bien de echar las culpas a la OMS y a China por no haber sido suficientemente transparentes con la gravedad de la enfermedad. Esa no probada infalibilidad entiende que es un punto a su favor.

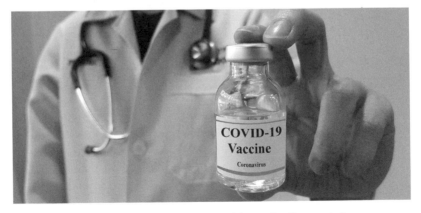

La búsqueda de la vacuna del COVID-19, el santo grial para científicos y estados.

---

64 Darlington, S. *Twitter elimina publicaciones sobre coronavirus del presidente de Brasil, Jair Bolsonaro* https://cnnespanol.cnn.com/2020/03/30/twitter-elimina-publicaciones-sobre-coronavirus-del-presidente-de-brasil-jair-bolsonaro/ [consulta: 20 mayo de 2020]

En esa línea de tener un presidente paternalista podemos situar algunas de las declaraciones de Trump después de las explicaciones dadas por los científicos en sus apariciones ante la prensa. Por ejemplo, cuando el 4 de mayo afirmaba que se dispondrá de la vacuna a finales de 2020. Como recoge Beatriz Navarro, sus declaraciones fueron «los médicos me dirán que no debería decir esto, pero yo digo lo que pienso y es que vamos a tener una vacuna más pronto que tarde»[65]. Por tanto, un presidente que parece vivir en un eterno cuento de la lechera, prometiendo aquello que no puede, y reconociendo que va más allá de los consejos prudentes y precavidos de los expertos. Un estilo totalmente alejado de la capacidad científica y pedagógica de Angela Merkel[66] o la visión empática de Justin Trudeau[67].

Otro episodio de desprotección del ciudadano que entiende que un presidente del todavía estado más poderoso del mundo debe ser la persona mejor (no más, mejor) informada del planeta sucedió el 24 de abril. Así, después de la intervención de un funcionario en una rueda de prensa dando resultados de una investigación estatal que apuntaban a que el coronavirus en superficies parecía debilitarse cuando se exponía a la luz solar y al calor y que asimismo la lejía podría matar el virus en la saliva o los fluidos respiratorios en cinco minutos y el alcohol isopropílico incluso más rápido, Trump entró en un intercambio de preguntas delante de toda la prensa con la doctora Deborah Birx, coordinadora del grupo de expertos de la Casa Blanca sobre el coronavirus. En primer lugar, dijo que se

---

65 Navarro, B. *Trump asegura que EE.UU. tendrá una vacuna contra el coronavirus «antes de finales de año»* https://www.lavanguardia.com/internacional/20200504/48941379620/trump-asegura-eeuu-tendra-vacuna-contra-coronavirus-antes-finales-ano.html [consulta: 20 mayo de 2020]

66 López, M.P. *Merkel, la canciller científica* https://www.lavanguardia.com/internacional/20200418/48576066417/alemania-coronavirus-merkel-medidas-confinamiento.html [consulta: 20 mayo de 2020]

67 Cecco, L. *Justin Trudeau issues stern warning to Canadians: «Go home and stay home»* https://www.theguardian.com/world/2020/mar/23/justin-trudeau-canada-coronavirus-stay-home [consulta: 20 mayo de 2020]

debería estudiar la forma de usar la luz en el interior del cuerpo humano. Posteriormente, afirmó «...y luego veo el desinfectante donde lo elimina en un minuto. Un minuto. ¿Y hay alguna manera de que podamos hacer algo así, por inyección en el interior o casi por limpieza? Entonces sería interesante comprobar eso».

Señalando a su cabeza, Trump continuó: «No soy médico. Pero soy, como, una persona que tiene un buen.. ya sabes qué (por cerebro)». La escueta respuesta de la experta fue que la fiebre ayuda y es buena para el cuerpo, pero no como tratamiento[68].

Uno de los aspectos principales en este capítulo es entender que cuando hablamos de la responsabilidad que va con el cargo, estos valores son importantes. No es lo mismo el impacto que tienen las declaraciones de falsos gurús como Antonio Pappalardo, el autoproclamado líder de las chaquetas naranjas en Italia, que un presidente de un estado elegido mediante sufragio. En el caso del ex general de los carabinieri de 73 años la suya es una típica campaña negacionista: «es evidente que el problema de nuestro planeta no es esta especie de estúpida gripe llamada coronavirus, utilizada por las grandes potencias para someternos. Son las radiaciones electromagnéticas, hay demasiados radares, demasiadas antenas», a la vez que ha llegado a afirmar que las mascarillas son «dañinas» y que las vacunas son «veneno»[69].

Para comprobar que no solo en el llamado populismo de derechas que representa Bolsonaro han ido sucediéndose episodios de difusión de información, y sesgado, a Nicolás Maduro, presidente de Venezuela, también le han borrado tweets. En concreto el que se presenta en la siguiente imagen en el cual proclamaba la bondad

---

68 BBC News. *Coronavirus: Outcry after Trump suggests injecting disinfectant as treatment* https://www.bbc.com/news/world-us-canada-52407177 [consulta: 20 mayo de 2020]

69 Buj, A. *Un carabinete retirado dirige los «chalecos naranjas», un movimiento que niega el virus* https://www.lavanguardia.com/internacional/20200602/481562374142/un-carabinete-retirado-dirige-los-chalecos-naranjas-un-movimiento-que-niega-el-virus.html [consulta: 20 mayo de 2020]

de un brebaje casero que debe tomarse durante 12 días para, entre otras cosas, «eliminar los genes infecciosos» del coronavirus[70].

> This Tweet violated the Twitter Rules. Learn more

 Nicolás Maduro ✔
@NicolasMaduro

El destacado científico venezolano, Sirio Quintero, me hizo llegar 3 interesantes artículos sobre el Coronavirus y me ha dado su permiso para compartirlos con el pueblo venezolano. Aquí se los dejo. 1) bit.ly/ 2WzPAvT 2) bit.ly/33Cg2qe 3) bit.ly/ 2vGiwHy

Translate Tweet

Tuit de Nicolás Maduro identificado por Twitter como no contrastado.

Fuente: https://www.elperiodico.com/es/internacional/20200324/twittermaduro-coronavirus-bioterrorismo-remedios-caseros-7902626

En los documentos a los cuales enlazaba el presidente venezolano se expresan las opiniones de Sirio Quintero, que se refiere al coronavirus como «expresión de la más alta capacidad científica y tecnológica alcanzada por los núcleos de poder imperial en su prontuario bioterrorista con la liga de fábricas de armas bacteriológicas bajo

---

70 *Nicolás Maduro recomendó un «brebaje natural» de un falso médico para prevenir el coronavirus y Twitter borró la publicación* https://www.infobae.com/america/venezuela/2020/03/24/nicolas-maduro-recomendo-un-brebaje-natural-de-un-falso-medico-para-prevenir-el-coronavirus-y-twitter-borro-la-publicacion/ [consulta: 20 mayo de 2020]

la fachada de laboratorios de investigación». En otro fragmento afirma también que «el coronavirus está diseñado en laboratorios para atacar específicamente órganos del cuerpo humano de las razas chinas y las etnias latinoamericanas»[71]. Por tanto, aunque el bulo se vista presidencialmente, en bulo se queda.

Son sin duda tiempos difíciles para la comunicación de la ciencia. La frecuencia y la rapidez de las redes sociales, ávidas de compartir contenidos, cuanto más atractivos mejor; la comunicación política en campaña permanente (recordemos que las elecciones norteamericanas deberían celebrarse el 3 de noviembre de 2020) y los excesos comunicativos de personajes llevan a considerar si en tiempos de bulos campantes, es más necesario que nunca información de valor y contrastada. Aún es temprano para calibrar el alcance de la crisis sanitaria en los liderazgos políticos, pero sería oportuno considerar la importancia a futuro de encontrar valores de divulgación y comunicación científica. En cualquier caso, a algunos presidentes no los conoceremos por sus silencios. Y es una lástima.

---

71 *Twitter borra los remedios caseros de Nicolás Maduro para combatir el coronavirus* https://www.elperiodico.com/es/internacional/20200324/twitter-maduro-coronavirus-bioterrorismo-remedios-caseros-7902626 [consulta: 20 mayo de 2020]

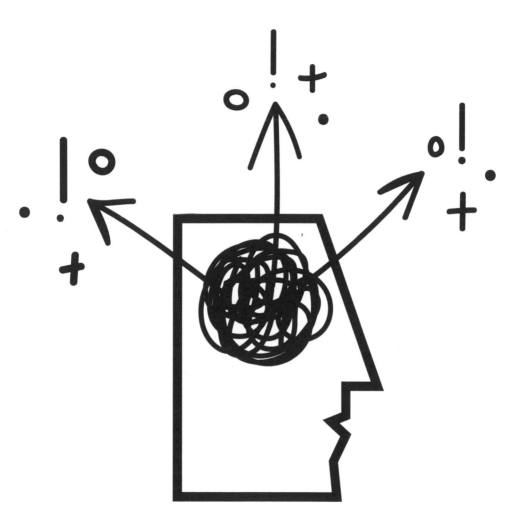

4

¿LA TIERRA ES REDONDA Y SE DEMUESTRA ASÍ?

Debo empezar este capítulo reconociendo que, sin duda, estamos ante uno de mis bulos científicos preferidos. Por él circularán Colón, la biblioteca de Alejandría, Javier Gurruchaga e incluso Adolf Hitler. Pero vayamos por partes. Para aquellos nacidos en el tardofranquismo, los referentes audiovisuales de nuestra infancia son muy importantes. El propio título del capítulo evoca a una de las eliminatorias más esperadas y recordadas del programa «Un, dos, tres». Como se recoge en el libro *Historias de la Tele*, se rompían huevos en la frente de los concursantes al grito de «La tierra es redonda y se demuestra así», hasta encontrar un huevo duro[72]. A los ojos de un chaval de menos de diez años, impecable. Ahora y estudiando a los bulos, me choca (como los huevos) la idea una y otra vez de por qué creíamos que aquello demostraba que la tierra es redonda. ¿Fue ese el origen del terraplanismo? No, como veremos, se trata de un fenómeno global, con gran tradición en

---

72 Casado, M. (2017). *Historias de la tele*. Aguilar Ocio: Madrid. ISBN: 9788403518247

los Estados Unidos y que en las redes sociales como Youtube ha encontrado un filón para viralizar sus exiguos argumentos y así acumular visitas y publicidad. También rendimiento económico, cabe añadir. Recordemos también que el huevo de Colón dio pie en aquella época desde a una canción del grupo La trinca hasta un programa de televisión presentado por Javier Gurruchaga en el recordado año 1992. También la escultura más grande de España, situada en Sevilla, recibe popularmente este nombre, aunque la obra, regalo del Ayuntamiento de Moscú, se llama en realidad «el nacimiento del nuevo hombre» y es obra del georgiano Zurab Tsereteli.

El huevo de Colón como metáfora tiene de hecho su miga, también. Según la RAE, se define como «cosa que aparenta tener mucha dificultad pero resulta ser fácil al conocer su artificio»[73]. Es decir, no se asocia al hecho de que el huevo sea redondo y ello se asocie a la tierra, sino al hecho de que algo tiene una complejidad asociada a que no se ha planteado una alternativa sencilla. Es decir, no se reconoce a Colón por demostrar que la tierra sea redonda, sino por el hecho de intentar algo nuevo, diferente, ir en la otra dirección hacia la India, como su forma de poner un huevo en pie. Es posible que dicha metáfora haya podido confundir y hacer pensar que fue Colón quien convenció a Isabel y Fernando del hecho de que la tierra fuera redonda. Eso era sabido hace mucho tiempo. Pero ¿es el huevo de Colón una cita apócrifa? Tal como recogen Palmarini

---

73 RAE. *Diccionario de la lengua española* https://dle.rae.es/huevo [consulta: 20 mayo de 2020]

et al.[74], existirían dudas de que la anécdota sucediera tal como la recoge Girolamo Benzoni en su *Historia del Nuevo Mundo*, escrito en 1565[75]. El texto concreto (traducido tal como lo recoge la Wikipedia[76]) es el siguiente:

....

Estando Cristóbal Colón a la mesa con muchos nobles españoles, uno de ellos le dijo: «Sr. Colón, incluso si vuestra merced no hubiera encontrado las Indias, no nos habría faltado una persona que hubiese emprendido una aventura similar a la suya, aquí, en España que es tierra pródiga en grandes hombres muy entendidos en cosmografía y literatura». Colón no respondió a estas palabras, pero, habiendo solicitado que le trajeran un huevo, lo colocó sobre la mesa y dijo: «Señores, apuesto con cualquiera de ustedes a que no serán capaces de poner este huevo de pie como yo lo haré, desnudo y sin ayuda ninguna». Todos lo intentaron sin éxito. Cuando el huevo volvió a Colón, este lo golpeó sutilmente contra la mesa aplastando la curvatura de su base, lo que permitió dejarlo de pie. Todos los presentes quedaron confundidos y entendieron lo que quería decirles: que después de hecha y vista la hazaña, cualquiera sabe cómo hacerla.

....

Pero también el famoso arquitecto Giorgio Vasari en 1550 recoge la misma anécdota en forma similar, aunque en este caso con

---

74 Palmarini, L.; Sosnowski, R. (2019) «Ma l'uovo era veramente di Colombo? L'attestazione dell'aneddoto nel manoscritto di Piero da Filicaia dell'inizio del Cinquecento», *Cuadernos de Filología Italiana*, vol. 26, pp. 167-180 https://dx.doi.org/10.5209/cfit.60872

75 Benzoni, G. (1572[1565]), Historia del Mondo Nuovo. https://books.google.gr/books?id=1vZzhmtdPQkC [consulta: 20 mayo de 2020]

76 *Huevo de colón* https://es.wikipedia.org/wiki/Huevo_de_Col%C3%B3n [consulta: 20 mayo de 2020]

Brunelleschi como protagonista[77]. Tal como proponen, incluso podría haber una nueva fuente original de atribución de la anécdota. Dada la imposibilidad de arrojar más luz, demos por cierta la anécdota, que por cierto es recogida por múltiples fuentes, desde Mary Shelley en *Frankenstein*, Tolstoi en *Guerra y Paz* hasta el mismísimo Hitler en su *Mein Kampf*. Para acabar con la anécdota y en relación a los bulos anteriores, el propio concepto de «Columbus egg» es recogido en múltiples títulos de artículos científicos como el relacionado con la reciente crisis sanitaria, «COVID-19 and molecular mimicry: The Columbus' egg?»[78], reforzando la idea de una aproximación nueva al estudio de algo.

Dibujo de la famosa reunión donde Colón dio usó el huevo para ilustrar su visión.

---

77 Vasari, Giorgio (1550). *Le vite de' più eccellenti architetti, pittori, et scultori italiani, da Ci-mabue insino a tempi nostri: descritte in lingua toscana, da Giorgio Vasari pittore areti-no. Con una sua utile & necessaria introduzzione a le arti loro.*

78 Cappello, F. (2020). «COVID-19 and molecular mimicry: The Columbus' egg?» *J. Clin Neurosci. 2020* https://dx.doi.org/10.1016%2Fj.jocn.2020.05.015

En la descripción de este bulo haremos lo que se conoce como un *spoiler* ya desde el principio. Efectivamente, la tierra no es plana, sino esférica (no perfecta, aunque sus habitantes, tampoco), pero no solo por la intuición de los marineros en sus viajes viendo el horizonte y las montañas aparecer y desaparecer, sino por el trabajo certero de Eratóstenes, nacido el 276 AC en Cirene, actualmente parte de Libia. Se trata sin duda de un científico que por su importancia debería tener más reconocimiento, por sus aportaciones[79]. Fue incluso director de la gran biblioteca de Alejandría en tiempos de Ptolomeo III. Pues bien, Eratóstenes es conocido por ser el primer geógrafo en medir la circunferencia de la Tierra. Como parece lógico, si alguien mide una circunferencia es porque se sobreentiende que hablamos de una esfera. En efecto, autores anteriores como Anaximandro ya habían afirmado que la tierra no era plana, aunque en su caso hablaba de forma cilíndrica. El pensador, aunque discípulo de Tales de Mileto, muestra una visión diferente a este, que sostenía que la tierra era plana. También Aristóteles, anterior a Eratóstenes, creía en una tierra de tipo esférica[80].

Como comentábamos, Eratóstenes elaboró un experimento interesante al usar dos puntos distintos: Syene (actual Assuan) y Alejandría. El uso del primero viene dado por el hecho de que, en la fecha del solsticio de verano, los rayos de sol en mediodía caen de forma vertical, es decir, no hacen sombra. Viendo el faro de Alejandría pudo observar el ángulo que en su caso sí se formaba. Partía de dos premisas: en primer lugar, la tierra es esférica y en segundo lugar, el sol está tan lejos que los rayos se pueden considerar paralelos. Además del ángulo, necesitaba saber la distancia entre las dos ciudades y la calculó (con las dificultades

79 Gow, M. (2009). *Measuring the Earth: Eratosthenes and His Celestial Geometry.* NY: Enslow Pub Inc. ISBN 978-0766031203

80 Raphals, L. (2002). «A "Chinese Eratosthenes" Reconsidered: Chinese and Greek Calculations and Categories», *East Asian Science, Technology, and Medicine*, núm. 19, pp. 10-60. https://www.jstor.org/stable/43150618

de la época) de forma que el resultado final fueron 5000 estadios (medida de la época). Como el ángulo era de aproximadamente 7° 12', una cincuentena parte del círculo el resultado fue 250 000 estadios, unos 39 925 km si consideramos el estadio egipcio y no el griego o ático, cosa no trivial y que ha suscitado visiones diferentes a lo largo de la historia como recogía Donald Engels en 1985[81]. En función de si se elige una u otra medida, los cálculos son más o menos certeros, considerando que la circunferencia mide 40 008 km. En cualquier caso, con los instrumentos de medida y las condiciones de la época, un gran avance.

Sin embargo, aunque la ciencia clásica ya recogía una visión que se fue consolidando, ¿por qué parece que en la época de Colón aún debía demostrarse? Viendo los debates y las fuentes que usó Colón, el debate parece estar más en el tiempo de duración del viaje (si acortó sus cálculos un 20 % del viaje real, a riesgo de no llevar suficientes provisiones) y de si sería posible dar la vuelta, cuánto se tardaría en encontrar de nuevo tierra firme, fuera o no como se creía la India. Sería en el siglo XIX, como recoge Singham[82], que un libro, *A History of the Life and Voyages of Christopher Columbus*, escrito por Washingon Irving, daría una interpretación exagerada y romántica de Colón intentando demostrar la esfericidad de la Tierra. Incluso el conocido escritor Thomas Friedman parte de la base de que Colón volvió de su viaje demostrando que la tierra era redonda en su libro *The World is Flat*, que, aunque no lo parezca, no trata del terraplanismo. Así pues, el mismo siglo XIX en el que la ciencia y religión, como veremos en otros apartados, se baten en duelos. Frank Turner ha recogido mucha de la bibliografía que trata las distintas aproximaciones entre las fuentes[83]. También Giorgio

---

81 Engels, D. (1985). «The Length of Eratosthenes' Stade» *The American Journal of Philology*, vol. 106, núm. 3, pp. 298-31. https://www.jstor.org/stable/295030

82 Singham, M. (2007). «Columbus and the Flat Earth Myth», *The Phi Delta Kappan*, vol. 88, núm. 8 pp. 590-592 http://www.jstor.com/stable/20442332

83 Turner, F.M. (1978) «The Victorian Conflict between Science and Religion: A Professional Dimension», *Isis* vol. 69, núm. 3, pp. 356-376. https://doi.org/10.1086/352065

Pirazzini expone cómo muchos libros de texto de Estados Unidos recogen esta idea de Colón demostrando que la tierra es redonda. Según mi punto de vista, se demuestra una visión centrada en Norteamérica, donde el descubrimiento del nuevo mundo fue casi el punto inicial de la historia. Según el autor, el debate de la Edad Media sobre si la Tierra se mueve alrededor del sol o viceversa, en ningún momento cuestiona que ambos sean esferas[84]. Así pues, como vemos, pasamos del hecho al mito. Del mito al bulo ya había medio camino recorrido, y ello llevó en algunos debates a retroceder siglos para volver a defender aquello ya consolidado, aunque no consensuado, como veremos.

Imagen gráfica de una Tierra plana.

---

84 Pirazzini, G. *Terraplanismo en la edad media* https://historia.nationalgeographic. com.es/a/terraplanismo-edad-media_14991 [consulta: 20 mayo de 2020]

Hecho el recorrido histórico, llega el momento de escuchar el modelo y los argumentos de los defensores de la tierra plana. Sin duda, a veces es inevitable empatizar con el movimiento ya que se encuentran en una lucha de David contra Goliath, aunque cabe argumentar que nadie les obliga a ello, por supuesto. A menudo, no hablamos de gente sin formación sino de individuos que no forman parte de lo que ellos consideran una élite intelectual y económica, y que usan sus conocimientos para demostrar una teoría y crear a su vez una minoría, una nueva élite intelectual alternativa. Como veremos en su argumentario, cuando no llegan los hechos científicos, llegará la necesaria confabulación de científicos y profesores, por supuesto, correa de transmisión inercial de una histórica mentira. Según su punto de vista, claro está. Por contra, la mayor parte de los que creemos que la tierra es esférica lo sabemos por delegación. Ellos han ayudado a demostrar que no es así. A menudo, lo más importante es demostrar de forma rocambolesca que cada nueva prueba o manifestación de que la tierra es redonda puede ser entendida o contextualizada con una nueva premisa que diluye el modelo.

De las distintas interpretaciones, una de las más apasionantes según mi punto de vista es la planteada por Samuel Rowbotham en lo que llamó *Astronomía Zetética*, un panfleto publicado bajo el pseudónimo Parallax en 1849 y ya en forma de libro en 1865. Según este modelo, la Tierra es en realidad un disco plano centrado en el polo norte y delimitado por un muro de hielo, que no tendría (de momento, por si acaso) nada que ver con el de Juego de Tronos, sino que sería la Antártida convertida en un límite perimetral de toda la tierra. Para completar el modelo, el Sol, la Luna, los planetas y las estrellas se sitúan a tan solo unos centenares de millas sobre su superficie terrestre. Ello permite explicar algunos de los argumentos oficiales de la redondez de la Tierra.

Uno de los experimentos clásicos de los terraplanistas son los del canal de Bedford, en el cual unas banderas a suficiente distancia deberían dejar de verse si la Tierra fuera redonda[85]. El contraargumento es que debe considerarse aquí otros efectos como la refracción. Como en los partidos de fútbol, la estrategia de los terraplanistas pasa por que la pelota se mueva alrededor de tu portería, de forma que los científicos deban estar defendiéndose con explicaciones más complejas. Cuanto más complejas, más pareces alejarte de una explicación sencilla. Como en muchas cosas de nuestra era, soluciones complejas para problemas complejos parecerían más engañosas. Cuanto más difícil de responder, más parece que algo se esconde. Sí, sería mucho más fácil creer en la visión antigua de los hindúes, donde imaginan la tierra plana apoyada sobre cuatro pilares que a su vez se sitúan sobre cuatro elefantes y estos sobre una tortuga gigante que nada en un océano. Laura Marcos ha condensado muy gráficamente los principales argumentos y contraargumentos[86].

Poco después de la muerte de Rowbotham, se creó la Universal Zetetic Society en 1893, con base en el Reino Unido, que fue poco a poco teniendo escasa importancia hasta la creación de la International Flat Earth Research Society (IFERS), conocida como *Flat Earth Society*, uno de los principales actores dentro de la difusión de los terraplanistas. Creada por Samuel Shenton en 1956, tiene una presencia en Internet muy visible. En ella se pueden encontrar los principales argumentos que sostienen basados en experimentos o fenómenos que hacen más complejo explicar que la Tierra sea redonda. Pero como comentábamos, que sea menos sencillo no quiere decir que sea imposible. La diferencia es que entonces ya no se puede explicar por la intuición y sin unos mínimos conocimientos científicos. Es decir, el sentido común nos hace entender que los objetos desaparecen en el horizonte, pero nos cuesta más explicarlo

---

85 *Bedford Level experiment* https://en.wikipedia.org/wiki/Bedford_Level_experiment [consulta: 20 mayo de 2020]

86 Marcos. L. (2020). *Cómo discutir con un terraplanista (y ganar)* https://www.muyinteresante.es/ciencia/fotos/argumentos-en-contra-tierra-plana [consulta: 20 mayo de 2020]

si no lo hacen a la distancia que tocaría por otros efectos. O los vuelos en avión prácticamente iguales de uno a otro país y viceversa.

Es interesante comprobar cómo las redes sociales han pasado a ser, como en otros bulos y *fake news*, una caja de resonancia perfecta. Recordemos que una de las principales características de nuestra sociedad digital es que los bulos ya no solo se difunden en mercados, sino que los ciudadanos han pasado a ser creadores de contenidos. Existen muchos estudios y artículos que tratan de cómo los grupos en redes sociales y vídeos en Youtube[87] están teniendo un papel importante en la propagación de las ideas terraplanistas. Lo peligroso según mi punto de vista es que independientemente de los motivos con los que alguien se acerca a uno de estos grupos, ya sea curiosidad o ganas de reír, el efecto que produce es que las métricas (personas en los grupos de investigación, visionados de un vídeo) aún hoy, incluso sabiendo que pueden comprarse fácilmente usuarios y visionados, pueden dar una pátina de credibilidad. En estos vídeos se abren las puertas a movimientos conspiracionistas, negacionistas de la ciencia y otros colectivos[88]. Lo mismo ocurre con conferencias de los tierraplanistas como la Flat Earth International Conference (USA) 2019, que reúne a cientos de personas con múltiples aproximaciones pero que hacen el fenómeno mayor[89]. Las consecuencias de esta visibilidad pueden verse en encuestas como la descrita por la revista *Forbes* en 2018, donde se decía que solo el 66 % de los *millennials* de los Estados Unidos encuestados creían firmemente que la Tierra era redonda[90].

---

87 Paolillo, J.C. (2018) «The Flat Earth phenomenon on YouTube», *First Monday*, vol. 23, núm. 12 https://doi.org/10.5210/fm.v23i12.8251

88 Mohammed, S.N. (2019) «Conspiracy Theories and Flat Earth Videos on YouTube», *The Journal of Social Media in Society*, vol. 8, núm. 2, pp. 84-102. https://www.thejsms.org/index.php/TSMRI/article/view/527

89 *Flat Earth International Conference.* https://flatearthconference.com/ [consulta: 20 mayo de 2020]

90 Nace, T. *Only Two-Thirds Of American Millennials Believe The Earth Is Round* https://www.forbes.com/sites/trevornace/2018/04/04/only-two-thirds-of-american-millennials-believe-the-earth-is-round/#7c49570e7ec6 [consulta: 20 mayo de 2020]

Un documental que puede encontrarse en Neflix, *Behind the curve*, busca explicar los colectivos terraplanistas norteamericanos, aunque lo haga desde una lógica no científica sino de aproximación a lo «freak»[91]. Dentro de esta dinámica, podemos también incluir a personas como «Mad» Mike Hugues, de los círculos de la Flat Earth Society, que murió en febrero de 2020 en un modelo de nave espacial con la cual intentaba subir hasta 5000 pies para demostrar que la Tierra no es redonda[92].

Por suerte, también existen voluntarios, tiempo y creatividad en el ámbito de los defensores de la tierra como cuerpo esférico. Puede debatirse si se está perdiendo tiempo y recursos al defender aquello que es evidente, pero creo que en estos tiempos de incertidumbre podría considerarse una buena inversión. Especialmente interesante me parece el vídeo de Magic Makers que puede encontrarse en Youtube por cuanto contextualiza el pensamiento de la tierra plana en algo mayor, una visión de contraposición de dos modelos, entre la conspiración global por un lado y la especialización y el progreso por otro, que nos lleva a confiar en la especialización de la ciencia cada vez mayor y en la que ya no podemos contribuir en cada ámbito sino confiar en los expertos[93]. El individualismo del terraplanista ante la ciencia colaborativa.

Posiblemente, lo que apasiona y preocupa de este bulo es que, como se afirma en distintas fuentes, el terraplanismo es una vía de entrada, una bifurcación entre dos relatos, uno en el que eres engañado sistemáticamente para que otros mantengan el poder y otro en el que eres la fuente de conocimiento. Por tanto, en el

---

91   Jiménez, J. *Cómo humillar a un terraplanista: «La Tierra es plana» de Netflix es una oportunidad perdida para entender el problema* https://www.xataka.com/investigacion/como-humillar-a-terraplanista-tierra-plana-netflix-oportunidad-perdida-para-entender-problema [consulta: 20 mayo de 2020]

92   BBC News. *«Mad» Mike Hughes dies after crash-landing homemade rocket* https://www.bbc.com/news/world-us-canada-51602655 [consulta: 20 mayo de 2020]

93   Magic Makers (2019). *¿A ti quién te dijo que la Tierra es una esfera?* [vídeo] https://www.youtube.com/watch?v=vesGCNEJnyg [consulta: 20 mayo de 2020]

primer caso es una reacción a la fuerza de la globalización, los monopolios de poder, las grandes multinacionales y un mundo cada vez más complejo que no puedes entender y que además no te gusta. Aceptada esta visión, ideológica y de fe, se convierte en una puerta que se abre por la que entrarán otros bulos que veremos en este libro. Cuando pasas a creer un bulo que «desmonta» una teoría aceptada pero impuesta, abres tu mente para no creer en otros conocimientos, como las vacunas, los transgénicos o el cambio climático.

Parece incluso una osadía, pero ocurrió. Un conocido *youtuber* conspiracionista entró en 2017 en debate con el entonces «solo» astronauta Pedro Duque sobre si la Tierra era redonda o no[94]. Cabe destacar que en 2020 su canal de Youtube tenía 455 000 suscriptores. La pregunta a veces sin duda es si alguien se cree todos los argumentos de los vídeos o solo es una estrategia de viralización e *influencer* para conseguir aquello que realmente se quiere, notoriedad o rendimiento económico, aún sin saber qué es lo prioritario. Por suerte, divulgadores excelentes como Jordi Pereyra también entran a en el debate creando contenidos argumentados para desmentir los bulos científicos[95].

Según mi visión, el acierto del discurso terraplanista es la simplicidad en una época de complejidad. Aunque no lo parezca, el argumento del engaño pasa a ser la explicación más sencilla, cosa que retuerce la navaja de Ockham hasta que nos sangran las manos. Un mundo donde somos engañados es más sencillo de entender. Porque nos cuesta entender que en un mundo de progreso científico existan injusticias y no todo sea posible. En este sentido, resulta también muy recomendable el libro de Óscar Alacia, *La secta de*

94 Blanco, P.R. *El «youtuber» con 90 000 seguidores que explica a Pedro Duque que «la Tierra es plana»* https://elpais.com/elpais/2017/11/21/hechos/1511269332_668383.html [consulta: 20 mayo de 2020]

95 Pereyra, J. (2017). *Patrañas (XV): desmontando los argumentos de los defensores de la tierra plana* https://cienciadesofa.com/2017/04/patranas-xv-desmontando-argumentos-defensores-tierra-plana.html [consulta: 20 mayo de 2020]

la tierra plana, donde traza una explicación contextualizada de los movimientos actuales de los terraplanistas[96].

Por absurdo que pueda parecer, creo que es una dinámica en la cual vamos a ir entrando, pasando a defender de nuevo aquello que ya parecía establecido, cuestionando de nuevo el papel histórico de la ciencia y el progreso. En este caso, puede que no sea para salvar la vida como en la Edad Media o para entrar en la nueva Ilustración apuntada por algunos expertos, sino que como compartimentos permeables de acción-reacción, cuanta más gente colabora en proyectos de ciencia ciudadana o más conocimiento de calidad se difunde vía las redes sociales o la Wikipedia, más reacción se obtiene en colectivos negacionistas que ven la ciencia como un corsé a sus libertades de creencia. Volveremos en próximos capítulos a hablar de ellos.

---

96 Alacia, Óscar (2017). *La secta de la TIERRA PLANA*. Buenos Aires: Libritos Jenkins

Oliver Ibañez
@Oliver_Youtube

Gracias por la mención, Pedro. La gente cree que la Tierra es plana e inmóvil porque así lo indica el método científico y la simple observación. La Tierra bola, en cambio, está basada en teorías que jamás se han comprobado y en imágenes fraudulentas creadas por ordenador. Saludos

> **Pedro Duque** ✔ @astro_duque
> Me pregunto si hay alguien que se cree de verdad que la tierra sea plana - no como broma. Alucino que haya un youtuber en Español con 88000 inscritos sobre este tema...

6:41 p. m. · 20 nov. 17

Fuente: https://elpais.com/elpais/2017/11/21 hechos/1511269332_668383.html

5

LA GRIPE ESPAÑOLA DE 1918

La crisis sanitaria por el COVID-19 nos ha llevado por comparación una y otra vez a la grave crisis ocurrida a su vez en 1918 y que es conocida mundialmente como la gripe española (*spanish flu*). Consideremos adecuado detenernos en este episodio porque nos muestra también por comparación cómo los bulos y los pensamientos sociales se movían en épocas muy diferentes, sin redes sociales, con menos medios y menos acceso a la cultura y al conocimiento científico. También veremos que la ciencia avanza, pero aún tenemos incógnitas sobre aquel suceso, cien años después. Finalmente, podremos diferenciar algo que en español cuesta más, como es la diferencia entre *disinformation* y *misinformation*, mientras que en español usamos solo el concepto de desinformación e información incorrecta.

En efecto, en inglés se cualifica muy claramente si una información es correcta o no, pero además si había intencionalidad en la maquinación de aquella información. Así, cuando hablamos de *disinformation*, lo que queremos es dejar claro de que aquella información es falsa y creada sabiendo que lo es. Ello nos acerca a la idea de *fake news*, noticias creadas con contenido falso para hacerse pasar por verdad. Lo que ocurrió en aquella crisis del 1918 en una época con menos medios y un colectivo científico emergente es más parecido a la *misinformation*, es decir, aquella información que es incorrecta pero que aun así se difunde pensando que es cierta. Veremos cómo mucha de la información cuando poco se sabía no era adecuada e incluso desaconsejable. Asimismo, veremos algunos casos de bulos y charlatanes que como todas estas crisis generan, por la necesidad que se tiene de certezas, pero también porque la condición humana muestra en momentos de zozobra lo mejor y lo peor.

Es interesante por ejemplo comprobar cómo la crisis se desarrolló en España. El ahora muy conocido y reconocido Antoni Trilla, escribió con otros médicos un artículo muy interesante en 2008 llamado «The 1918 "Spanish Flu" in Spain».[97] En él se valora que la gripe A(H1N1), también conocida como influenza, causó unas 250 000 muertes en el estado español, así como entre 20 y 50 millones de personas en todo el mundo[98]. Como también afirman en el artículo, esta pandemia será siempre conocida como la gripe española, aunque como bien afirma a su vez Cobarsí-Morales, ello

---

97 Trilla, A.; *et al.* (2008). «The 1918 "Spanish Flu" in Spain» *Clinical Infectious Diseases*, Vol. 47, núm. 5 pp. 668–673, https://doi.org/10.1086/590567

98 Taubenberger, J.K.; *et al.* (2006). «1918 Influenza: the mother of all pandemics», *Emerg Infect Dis*, vol. 12, pp. 15-22

nos podría hacer pensar en una zona cero de la enfermedad, algún mercado como el de Wuhan localizado en la geografía española[99]. Nada más lejos de la realidad. De hecho, Trilla *et al.* también citan el nombre de cómo fue llamado también el virus en Madrid, «Soldado de Nápoles», que era el nombre de una canción popular de una zarzuela, «La canción del olvido», que se representaba en aquellos momentos en el Teatro de la Zarzuela de Madrid. El virus podría haber cruzado las fronteras desde Francia, escenario bélico principal de la I Guerra Mundial, junto con trabajadores españoles y portugueses que habían ido al país galo a trabajar en las obras de ferrocarriles franceses ante la carestía de mano de obra debido a la contienda.

Sin duda, las imágenes de los hospitales de campaña nos remiten a cien años después, como puede verse en la conocida foto.

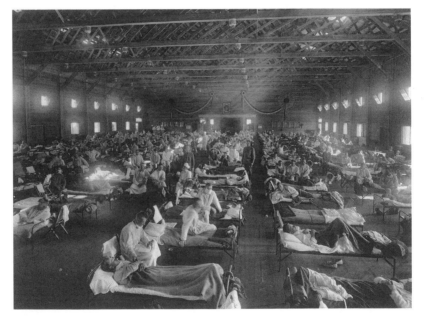

Hospital de campaña en Kansas durante la pandemia de 1918.

---

99 Cobarsí-Morales, J. (2020) «La "nacionalidad" de las epidemias o el curioso caso de la pandemia de 1918». *COMeIN*, núm. 99. https://doi.org/10.7238/c. n99.2038

Según la bibliografía, dos hechos parecen evidenciar el motivo para llamar español al virus. En primer lugar, a finales de primavera de 1918, la agencia de comunicación Fabra envió cables a la sede del servicio de noticias Reuters en Londres diciendo: «Una extraña forma de enfermedad de carácter epidémico ha aparecido en Madrid. La epidemia es de naturaleza leve; no se han reportado muertes». En segundo lugar y debido a que España se mantuvo como país neutral en la Primera Guerra Mundial y por ello el control sobre la información publicada era menor que en los países aliados y en Alemania, no existió la censura que en los países en la contienda utilizaron para no informar al propio y al enemigo de la gran cantidad de víctimas entre su población militar y civil que eran atribuibles a la pandemia. Tengamos en cuenta que uno de los colectivos que tuvieron mayor infección fueron los soldados, información evidentemente sensible en periodo de guerra. Como paradoja, la ausencia de información condujo también a que los bulos circularan por falta de información oficial, pero sobre todo llevaron a tomar decisiones equivocadas, como retirar soldados enfermos hacia ciudades ayudando a propagar aún más el virus.

Más de cien años después, existen dudas y versiones contrapuestas sobre el origen de la enfermedad. A diferencia de los bulos del 2020, en este caso no son causados por teorías de la conspiración o la guerra fría digital entre los Estados Unidos y China sino por los instrumentos que se tenían en aquel momento. Tengamos en cuenta, como relata David Rosner, que en aquel momento no se habían descubierto los virus, no existían sistemas de salud pública, y muchas veces cada ciudad tomaba sus propias decisiones sobre qué hacer, y solo algunos ejemplos de prevención pudieron ser tomados, como la promoción de la higiene, el cierre de locales públicos, el uso de mascarillas, el aislamiento de los enfermos y las cuarentenas (¿nos suena?)[100].

---

100 Rosner, D. (2010) «"Spanish Flu, or Whatever It Is. . . .": The Paradox of Public Health in a Time of Crisis», *Public Health Rep.*; vol. 125 (Suppl 3), pp. 38–47. https://www.ncbi.nlm.nih.gov/pmc/articles/PMC2862333/pdf/phr125s30038.pdf

Con 100 años de diferencias, pueden establecerse paralelismos entre la crisis de la pandemia de 1918 y la crisis sanitaria por el COVID-19.

Los primeros focos y el posible origen de la enfermedad se citan como probables en 3 fuentes distintas. En primer lugar, en los campamentos de soldados británicos en Etaples o Alderston en Francia, y que de allí pasara a tropas aliadas y de allí a sus respectivos países[101]. Otros autores como Langford consideran que la pandemia se originó en China (China, otra vez), aunque en este territorio la gripe hizo menos estragos por el hecho de haber pasado otras gripes similares anteriormente[102].

---

101   Valentines, V. *Origins of the 1918 Pandemic: The Case for France* https://www. npr.org/templates/story/story.php?storyId=5222069&t=1592300009215 [consulta: 20 mayo de 2020]

102   Langford, C. (2005). «Did the 1918–19 Influenza Pandemic Originate in China?» Population and Development Review, vol. 31, núm. 3, pp. 473-505https://doi.org/10.1111/j.1728-4457.2005.00080.x

Michael Worobey *et al.* en 2014 dieron respuesta a dos de las principales incógnitas que aún existían sobre la pandemia de 1918: su origen y los motivos que fuera tan severa[103]. También Chen-Quiang *et al.* daban respuesta a las incógnitas sugiriendo que el virus de la pandemia de 1918 se originó poco antes de 1918, cuando se recombinaron un virus humano con uno aviar[104], y que no fue hasta un estadio posterior donde también se recombinó con un virus de tipo porcino. En el mismo artículo señalan la mayor mortalidad en los colectivos de 20 a 40 años (una de las grandes diferencias con la crisis actual). Los autores sugieren que esto probablemente se deba a que muchos adultos jóvenes nacidos a partir de nacidos aproximadamente entre 1880 y 1900 fueron expuestos durante la infancia a un virus H3N8 que circulaba entre la población, que tenía proteínas de superficie distintas a las principales proteínas antigénicas del virus H1N1.

Tal como recogía Enric Juliana en 2008, Karl Marx dejó escrito que «La tradición de todas las generaciones muertas oprime como una pesadilla el cerebro de los vivos». Y añade: «Hegel subraya en algún sitio que todos los hechos y personajes de gran importancia en la historia aparecen, como si dijéramos, dos veces. Se le olvidó añadir: la primera vez como tragedia, la segunda como farsa»[105].

Esta cita me viene a la cabeza una y otra vez leyendo el artículo publicado en *Nature* de uno de los principales expertos en la gripe de 1918, John M. Barry[106]. El autor defiende que el foco de

---

103 Worobey, M.; *et al.* (2014). «Genesis and pathogenesis of the 1918 pandemic H1N1 influenza A virus" *PNAS,* vol. 111, núm. (22, pp. 8107-8112 https://doi.org/10.1073/pnas.1324197111

104 Cheng-Qiang, H.; *et al.* (2019). «The matrix segment of the "Spanish flu" virus originated from intragenic recombination between avian and human influenza A viruses», Transboundary and Emerging Diseases, vol. 66, núm. 5. https://doi.org/10.1111/tbed.13282

105 Juliana, E. *Una cita de Marx (¡ay!)* https://www.lavanguardia.com/politica/20080309/53444210798/una-cita-de-marx-ay.html [consulta: 20 mayo de 2020]

106 Barry, J.M. (2009) «Pandemics: avoiding the mistakes of 1918», *Nature,* vol. 459, pp. 324–325

la enfermedad se originó en un brote en enero de 1918 en Haskell County, Kansas. Además, cuenta que mientras los cuerpos de los muertos se iban acumulando, la reacción de las autoridades de los Estados Unidos era decir que no había motivo de alarma, el tipo de discurso negacionista que hemos visto en los capítulos referidos a la crisis del coronavirus. Así, mientras había casos de muerte a las 24 horas de los primeros síntomas, los medios estadounidenses seguían recogiendo el mantra de que la preocupación mataba más que la enfermedad.

De esta forma, Barry concluye que la principal arma contra una nueva epidemia (recordemos, en 2009) será una vacuna pero que la segunda más importante será la comunicación, que los gobiernos van a necesitar comunicar bien, entre ellos y con el público en general. Recordemos que el marco general de la contienda mundial hacía que hubiera muy poca transparencia, con mucha información sesgada para no contribuir a una bajada de la moral. Todos los gobiernos han recurrido a ello para tener ventaja sobre su enemigo (recordemos la operación Overlord para desviar la atención del desembarco de Normandía), y eso hizo más difícil la gestión de lo que estaba ocurriendo. De esta forma, la información incorrecta se transmitía interna y externamente. A ello cabe añadir que los movimientos de tropas e intercambios de prisioneros (por ejemplo, cuando Rusia abandonó la contienda y sus soldados fueron liberados) fueron propagando la enfermedad a los distintos países en liza. Como afirma Sáenz de Ugarte, «cada movimiento de población o tropas provocado por la guerra era un cómplice involuntario de la pandemia»[107].

En 2019, Hannah Mawsdey hizo una compilación de *fake news* que circularon en la época de 1918 en relación a la pandemia, donde encontramos, como siempre, las teorías de la conspiración. Así,

---

107 Sáenz de Ugarte, I. *«Como un ladrón en la noche»: la pandemia de gripe de 1918 que cambió el mundo y que luego fue olvidada.* https://www.eldiario.es/sociedad/coronavirus-gripe-1918-Spinney_0_1030997024.html [Consulta: 20 de mayo de 2020]

afirma, en Río de Janeiro, el periódico A Careta «informó que la pandemia se había propagado deliberadamente en todo el mundo por submarinos alemanes, con personas inocentes "víctimas de la creación bacteriológica traidora de los alemanes"». Asimismo, «La gripe se atribuyó a los extranjeros (en cualquier parte del mundo, no solo al Reino Unido), al pueblo judío, al baile, a la música de jazz, al bombardeo del suelo como resultado de la guerra, y a casi cualquier otra cosa que a usted se le ocurra». De nuevo, la utilización de la incertidumbre para la promoción de unas ideas que culpaban al otro. Es conocida también la historia del obispo Álvaro y Ballano, de Zamora, que desafió la prohibición de la celebración de misas llevando a cabo diversas en honor de San Roque, que como protector debía ayudarlos por cuanto, según él, la causa de la gripe era «los pecados y la ingratitud». Aunque calificó la ceremonia como «una de las victorias más importantes que ha obtenido el catolicismo», lo cierto es que la ciudad tuvo una mortalidad mayor que otras capitales de provincia[108].

Como hemos visto, pues, distintos ecos del 1918 han tenido lugar en la pandemia del 2020. A ellos cabe añadir la gran cantidad de brebajes y medicamentos que se pusieron a la venta, muchos de ellos pensados para paliar los efectos de la gripe, pero no para una enfermedad tan grave como la ocurrida. Joshua Zeitz describe muy bien cómo la falta de liderazgo y políticas claras abrían la puerta a curas milagrosas que tanto la América urbana como la rural se hicieron suyas[109].

---

108 Mulet, J.M. *El obispo de Zamora que desafió a la gripe en nombre de la fe.* https://elpais.com/elpais/2019/11/18/eps/1574101346_748744.html [Consulta: 20 de mayo de 2020]

109 Zeitz, J. *Rampant Lies, Fake Cures and Not Enough Beds: What the Spanish Flu Debacle Can Teach Us About Coronavirus* https://www.politico.com/news/magazine/2020/03/17/spanish-flu-lessons-coronavirus-133888 [Consulta: 20 de mayo de 2020]

6

EVOLUCIONISMO VERSUS CREACIONISMO, «CON LA IGLESIA HEMOS TOPADO»

Antes de entrar en el tema del capítulo, no puedo dejar de comentar cómo de nuevo a algunos mitos les hacemos decir cosas que no son del todo tal como las transmitimos. En este caso, hablamos del Quijote, que parece ser el origen de la frase hecha que hemos usado en el título. Así, la frase literal que aparece en la obra de Cervantes sería «Con la iglesia hemos dado, Sancho». Pero parece ser que era en un sentido literal, después de haber encontrado la iglesia del pueblo y no el palacio de Dulcinea, que es lo que realmente están buscando. Del literal al metafórico, actualmente se usa para referirnos a «la frustración que nos genera encontrar un obstáculo que nos impide lograr lo que queremos»[110]. Por tanto, en este caso la frase hecha estaría referida a la Iglesia como muro inquebrantable ante determinados conocimientos y progresos científicos que han cuestionado (o podrían cuestionar) sus dogmas de fe y el sobre todo el relato literal de la vida y el universo.

---

110   Con la iglesia hemos topado. https://blogdeespanol.com/2016/06/la-iglesia-topado/ [Consulta: 20 de mayo de 2020]

En este capítulo trataremos un asunto que desde mi punto de vista es sumamente complejo porque se cruzan dos capas que veremos que pueden ser compatibles pero que determinados sectores convierten en una elección, en un «conmigo o contra mí» científico. Es para demostrar quién tiene razón que se fuerzan argumentos y se llega a la utilización de bulos. Sin duda, es un debate aún abierto donde la razón y los hechos no son los únicos ingredientes, puesto que también aparece algo más profundo. Sí, la ciencia ha tenido desde sus inicios un papel preponderante en el desarrollo de las sociedades. Pero no debemos olvidar que la fe también lo ha tenido. De los choques entre la ciencia y la fe han surgido debates intelectuales, afrentas y también persecuciones e injusticias, pero cabe asumir que todo ello también ha servido en algunos momentos como motor de la historia. Uno de los claros ejemplos de las visiones distintas y a menudo contrapuestas lo encontramos en el caso de la teoría de la evolución de Charles Darwin y sus implicaciones.

Para tratarlo y tal como ocurrirá en algún otro capítulo, creo que siempre es oportuno hacerlo con empatía hacia quienes una verdad puede resquebrajar un sistema de creencias. Sobre todo, y ello será importante, cuando tratemos de la literalidad de algunos textos y cómo dicha teoría fue considerada como una crítica y un cuestionamiento hacia la religión. Lo que es seguro es que lo haremos con el respeto debido como solo un ateísmo intelectual puede proponer. Quizá todos deberíamos tener en cuenta el método científico por cuanto la aparición de una nueva teoría que refuta, cambia o mejora una anterior puede llegar a desplazarla sin que ello implique cuestionar el valor de la ciencia. Así, aceptar la evolución y la selección natural sin menoscabar la fe puede ser acertado, y existen como veremos muchos intentos de conciliar todas las visiones.

Por cierto, hablando de bulos, también me gustaría dejar (en) evidencia que una de las frases que muchos hemos entendido que mejor explicaban la teoría de la evolución es muy ingeniosa, pero no es una cita literal de Charles Darwin. Se trata de la conocida frase «No es la especie más fuerte la que sobrevive, ni la más inteligente la que sobrevive. Es la que más se adapta al cambio». Así, se trataría de una cita que emanaría de los escritos de un experto en Gestión, Leon C. Megginson, escrita en 1963 y donde de hecho empezaba diciendo, «De acuerdo con *El Origen de las especies* de Darwin no es la especie...». Ello hizo creer que era una cita literal darwiniana, pero no es así, sino una interpretación bien resumida, tal como se explica bajo el acertadísimo título «La evolución de una cita errónea», en el proyecto de contenidos sobre Darwin de la University of Cambridge[111].

La literalidad de la Biblia y ciencias como la genética y la biología molecular presentan a menudo diferencias irreconciliables.

---

111   *The evolution of a misquotation* https://www.darwinproject.ac.uk/people/about-darwin/six-things-darwin-never-said/evolution-misquotation [Consulta: 20 de mayo de 2020]

Recordemos en primer lugar, que, aunque la evolución ya era considerada por muchos autores anteriores como Anaximandro, Aristóteles o Lamarck[112], es Darwin el que da un corpus sólido a la teoría de la evolución mediante la idea de la selección natural. Como anécdota, hay que recordar que en la misma época Alfred Russel Wallace llega a conclusiones similares y de hecho fuerza a Darwin a poner por escrito sus múltiples trabajos. Es en el artículo de ambos en 1858, «On the Tendency of Species to form Varieties; and on the Perpetuation of Varieties and Species by Natural Means of Selection»[113] y sobre todo en el conocido libro *El Origen de las especies* donde se da fundamento a la teoría. Kutschera y Niklas resumieron las principales proposiciones de la teoría: «1. Los actos sobrenaturales del Creador son incompatibles con los hechos empíricos de la naturaleza. 2. Toda la vida evolucionó a partir de una o de pocas formas simples de organismos. 3. Las especies evolucionan a partir de variedades preexistentes por medio de la selección natural. 4. El nacimiento de una especie es gradual y de larga duración. 5. Los taxones superiores (géneros, familias, etc.) evolucionan a través de los mismos mecanismos que los responsables del origen de las especies. 6. Cuanto mayor es la similitud entre los taxones, más estrechamente relacionados se hallan entre sí y más corto es el tiempo de su divergencia desde el último ancestro común. 7. La extinción es principalmente el resultado de la competencia interespecífica. 8. El registro geológico es incompleto: la ausencia de formas de transición entre las especies y taxones de mayor rango se debe a las lagunas en el conocimiento actual»[114].

---

112 Gillispie, C.C. (1958) «Lamarck and Darwin in the history of science», *American Scientist* , vol. 46, núm. 4, pp. 388- 409 http://www.jstor.com/stable/27827201

113 John van Wyhe, editor, 2002. *The Complete Work of Charles Darwin Online.* (http://darwin-online.org.uk/) [Consulta: 20 de mayo de 2020]

114 Kutschera, U.; *et al.* (2004). «The modern theory of biological evolution: an expanded synthesis» *Naturwissenschaften* (2004) vol. 91, pp. 255–276 https://doi.org/10.1007/s00114-004-0515-y

Además de la teoría debemos tener en cuenta que en aquel momento no se conocían conceptos como la genética. De hecho, es con la llamada síntesis evolutiva moderna que se integran en general por una parte la teoría de la evolución de las especies por la selección natural de Darwin, por otra la teoría genética de Mendel como base de la herencia genética, la mutación aleatoria como fuente de variación y la genética de poblaciones. Los principales artífices de esta integración fueron Ronald Fisher, J. B. S. Haldane y Sewall Green Wright. Es precisamente este encaje el que da consistencia a la teoría de la evolución, porque encaja precisamente con todas las piezas. Así, algunas de las dudas que podían existir de tipo científico debido a las contribuciones posteriores de Mendel y la genética en general ayudan a fortalecer la teoría de la evolución. Por tanto, el tiempo y los nuevos conocimientos no han significado, desde el punto de vista científico, que la selección natural haya quedado obsoleta o desmentida, sino que se ha visto fortalecida.

Por su parte, y no intenta ser una paradoja, el creacionismo ha ido también evolucionando. Como es lógico, el papel del azar desplazando a un creador con un plan y un diseño significó un cataclismo en una sociedad como la de Estados Unidos donde la religión, sobre todo la protestante, ha jugado y juega un papel importante también como cohesionador social y político. Así, las primeras objeciones a la teoría darwiniana tuvieron un cariz evidentemente religioso, porque el papel del hombre y su origen chocaban con una interpretación literal de la Biblia. Los movimientos creacionistas que defienden esta visión de la Biblia como acta notarial de la historia han sido siempre los más hostiles con Darwin. Poco a poco, el movimiento creacionista también ha ido modificando el mensaje, intentando incluir una base científica que sustente una teoría alternativa que pueda ser plausible. Ciertamente, considerar literal la idea de que Dios hizo al hombre a su semejanza e inmutable no deja espacio a la selección natural.

Así como el terraplanismo se ha hecho fuerte en los medios sociales, podemos afirmar que la estrategia creacionista ha tenido siempre sus principales éxitos no en los laboratorios, donde no ha podido desmentir la teoría de Darwin, sino en los juzgados. Desde mi visión, ir a juicio siempre evidencia la incapacidad de llegar a acuerdos o consensos. En este aspecto, es conocido el juicio que tuvo lugar en Dayton (Tennessee) en 1925, y que es conocido como «el juicio del mono». Los ojos de la nación norteamericana se centraron en el juicio a John Scopes, un profesor de ciencias de solo 24 años que habría infringido la ley estatal que en aquel momento prohibía enseñar la teoría de la evolución. Se hicieron proyecciones de fragmentos del juicio en cines en todo Estados Unidos sobre el desarrollo del juicio y sirvió también para que otros estados legislaran en el mismo sentido que Tennessee[115]. La intención del movimiento evolucionista era que, si había una condena, se pretendía apelar en tribunales federales para intentar tener una resolución a nivel de todo el país favorable a los intereses de los evolucionistas.

El caso acabó con una pequeña multa que no era apelable, de forma que la estrategia no tuvo éxito. Es más, permitió que los movimientos creacionistas se hicieran eco de su mensaje y más estados legislaran en el mismo sentido. De esta forma, diferentes posicionamientos del Tribunal Supremo de los Estados Unidos en defensa del laicismo han ido evitando que el creacionismo con base religiosa fuera explicado en las aulas, y de hecho es lo que ha ido generando que a finales del siglo pasado un nuevo movimiento haya cuestionado con mayor o peor éxito aspectos de la teoría de la evolución.

Así, la propuesta «científica» de los creacionistas, el diseño inteligente, me parece una estrategia inteligente. Sería el último intento para situar de igual a igual una teoría alternativa a la de la evolución para conseguir que ambas propuestas sean presentadas

115   Saez, C. «El creacionismo continúa su cruzada contra Darwin» , *Historia y Vida*, núm. 627. https://www.lavanguardia.com/historiayvida/historia-contemporan ea/20200525/481313574301/creacionismo-charles-darwin-diseno-inteligente-fundamentalismo-religioso-biblia.html [Consulta: 20 de mayo de 2020]

en las aulas en igualdad de oportunidades y que después los estudiantes puedan, en el ámbito de la familia, decidir cuál cuadra más con su esquema religioso y de valores. Como es de suponer, el movimiento científico que defiende la evolución ha dirigido sus ataques a la base científica del diseño inteligente, por cuanto pone a Dios como eje necesario para entender la evolución de las especies y del hombre en particular. La *National Academy of Sciences* (NAS) ha sido un actor importante con sus publicaciones y posicionamientos en cada uno de los juicios donde los defensores del diseño inteligente han intentado que se diera el mismo rango y tiempo en los currículos educativos. Libros como *Science, evolution, and creationism* contienen un argumentario científico de alto valor[116], donde exponen las certezas y la base de la evolución a la vez que cuestionan la base científica del diseño inteligente, en la cual, aunque se limitan a eliminar una visión o una apelación a Dios, necesitan de la mano de un diseñador para dar consistencia a su mensaje.

Existen autores para los cuales defender la evolución y la existencia de Dios no es incompatible, aunque otros autores como Richard Dawkins han negado a Dios en nombre de la ciencia y la razón[117]. Por su parte, neodarwinistas y eminentes evolucionistas como Dobzhansky afirman claramente que «Nada tiene sentido en biología excepto a la luz de la evolución».

A nivel social, y teniendo en cuenta los datos de 2018 de un estudio del *Pew Research Center*, cuatro de cada diez protestantes evangélicos blancos (38 %) dicen que los humanos siempre han existido en su forma actual, y aproximadamente una cuarta parte (27 %) de los protestantes negros comparten esta opinión. Así,

116 National Academy of Sciences and Institute of Medicine of the National Academies (2008). *Science, evolution, and creationism.* Washington: The National Academies Press.

117 de Querol, R.. *¿Dios contra la ciencia? ¿La ciencia contra Dios?* https://elpais. com/cultura/2016/03/18/babelia/1458303185_860049.html

únicamente entre los no afiliados a la religión y entre aquellos que describen su religión como atea, agnóstica o «nada en particular», una mayoría (64 %) acepta la evolución a través de la selección natural sin la participación de Dios o un poder superior. Tanto los protestantes como los católicos tienen muchas más probabilidades de decir que la evolución fue guiada o permitida por Dios que decir que los humanos evolucionaron debido a procesos como la selección natural, o decir que «los humanos siempre han existido en su forma actual»[118].

Sin duda, para entender que ciencia y la idea de Dios no deberían ser incompatibles, me parece de una belleza clarificadora la famosa cita de Albert Einstein citada por Jouvel, «la Ciencia sin Religión es coja y la Religión sin Ciencia es ciega. Me basta reflexionar sobre la maravillosa estructura del Universo y tratar humildemente de penetrar siquiera una parte infinitesimal de la sabiduría que se manifiesta en la Naturaleza para concluir que Dios no juega a los dados. El científico ha de ser un hombre profundamente religioso»[119]. Ciertamente, cuanta más avanza la ciencia menos espacio queda para un Dios que está detrás de lo que no se puede explicar, pero sí para las otras ideas de Dios. Quizá debe variarse la idea de Dios y no la validez de la ciencia.

A nivel de cómo cala en el imaginario popular la idea de la selección natural, es interesante considerar el plano audiovisual donde la idea de la evolución, las mutaciones y la propia evolución explican y dan contexto científico desde los cómics de superhéroes hasta series como *Heroes* a través del libro ficticio *Activating Evolution*. Quizá aquello que no puede ser enseñado en exclusiva en las aulas puede hacerse a través de los cómics, donde se presenta una visión más abierta y menos religiosa de la realidad.

---

118 Pew Research Center. *For Darwin Day, 6 facts about the evolution debate* https://www.pewresearch.org/fact-tank/2019/02/11/darwin-day/

119 Jouvel, N. (2008). *Explorando los genes. Del Big-Bang a la Nueva Biología* Madrid: Ediciones Encuentro Ensayos de Ciencia.

Cabría también destacar que la introducción de elementos del diseño inteligente ha llevado incluso a revistas científicas de renombre a eliminar artículos publicados. Cierto que en este caso no deberían haber sido aceptados, cosa que explicita, por cierto, los problemas de la revisión por pares que presenta la comunicación científica y que retomaremos en otro capítulo. Sí, son otros profesionales de la disciplina los que a menudo de forma voluntaria revisan artículos de investigación para las revistas. En este caso, en lo que fue llamado el #CreatorGate en las redes sociales en 2016, la revista PLOS ONE aceptó un artículo que, entre sus conclusiones, afirmaba que «... El vínculo funcional explícito indica que la característica biomecánica de la arquitectura conectiva tendinosa entre los músculos y las articulaciones es el diseño adecuado por parte del Creador para realizar una multitud de tareas diarias de una manera cómoda ...»[120].

Por supuesto llevó a un debate intenso antes de que fuera retirado. En medio del debate, una aportación me parece oportuna, hecha por Eric Metaxas citado en un artículo en CSNews[121]. Metaxas cita un libro, *Darwin Doubt*, donde un paleontólogo chino, J. Y. Chen, afirma que «en China, podemos criticar a Darwin, pero no al gobierno; en cambio, en Estados Unidos se puede criticar al gobierno, pero no a Darwin», y razona que quizás no se dio el derecho a defensa a los autores chinos sobre qué entendían ellos por «creador».

Para entender la penetración del movimiento creacionista dentro de los círculos de poder de los Estados Unidos y la fuerza para decantar la balanza que tienen algunos líderes evangélicos, recomiendo visionar este vídeo donde el ahora vicepresidente Mike Pence hacía en 2016 un alegato claro de las teorías contrarias

120 López-Borrull, A. (2016). «Ei, cuidado con la resivión... y la mano del Creador», *ComeIn* núm. 54, http://comein.uoc.edu/divulgacio/comein/es/numero54/articles/Article-Alex-Lopez.html

121 Metaxas, E. *Scientism Out of Hand: «Creatorgate» and the Sorry State of Science* https://www.cnsnews.com/commentary/eric-metaxas/scientism-out-hand-creatorgate-and-sorry-state-science [Consulta: 20 de mayo de 2020]

a la teoría de la evolución y una llamada a enseñar también las ideas creacionistas[122].

Podría parecernos un asunto exclusivo de los Estados Unidos, pero el movimiento creacionista ha intentado echar raíces en Europa y en España. Vale la pena recordar un ciclo de conferencias que bajo el título «Lo que Darwin no sabía», la asociación estadounidense denominada Médicos y Cirujanos por la Integridad Científica (PSSI en sus siglas en inglés) quería darse a conocer en los campus universitarios y otros foros de debate. Ello generó un encendido debate, en particular en el mundo universitario y en prestigiosos foros de debate[123]. Como recoge la prensa de la época, en el caso de Barcelona, la conferencia pasó «sin pena ni gloria»[124]. También José Luis Moreno en su blog hace una relación de los intentos de convertir el creacionismo en un movimiento global[125] y cómo la Asamblea Parlamentaria del Consejo de Europa (que no es el Parlamento Europeo) se posicionó en 2007 con la explícita resolución «The dangers of creationism in education», donde se defiende la teoría de la evolución y se alerta de que el creacionismo ya no es solo un fenómeno de los Estados Unidos e incluso lo vincula con ciertos movimientos europeos de ultraderecha.

---

122 *Mike Pence Denies Evolution Because It's «Just a Theory»* https://www.youtube.com/watch?v=cv1v-ziuSFg [Consulta: 20 de mayo de 2020]

123 *El creacionismo llega a España* https://canal.ugr.es/prensa-y-comunicacion/medios-digitales/el-pais/el-creacionismo-llega-a-espana/ [Consulta: 20 de mayo de 2020]

124 Bernal, M. *El discurso de los creacionistas pasa sin pena ni gloria por BCN* https://www.elperiodico.com/es/sociedad/20080118/el-discurso-de-los-creacionistas-pasa-sin-pena-ni-gloria-por-bcn-44931

125 Moreno, J.L. *El creacionismo en Europa* https://afanporsaber.com/el-creacionismo-en-europa#.Xu721mgzbIW [Consulta: 20 de mayo de 2020]

Fragmento de la creación de Adán, la conocida obra de Michelangelo Buonarroti.

Desde mi punto de vista, la idea de bulo nace en el momento en el cual se intenta que la ciencia, sin hechos claros, valide una teoría porque esta encaja mejor y así no cuestiona tu sistema de creencias. Cuestionar la evolución, la selección natural o la nueva síntesis moderna desde visiones no científicas, es un error por inmovilista. El desarrollo científico a finales del siglo XX e inicios del XXI está siendo tan exponencial que cuestiona el sistema de valores y las ideas preconcebidas para entender la vida y el papel del hombre. A su vez, ciertamente, la ciencia no debe avanzar sin entender los prejuicios y los aspectos éticos morales de aquello que va desarrollando. Pero ello es posible, como veremos en otros capítulos, donde hemos pasado de considerar un hacedor externo con un plan a ver cómo el ser humano puede pasar a ser este hacedor, aunque no disponga de plan.

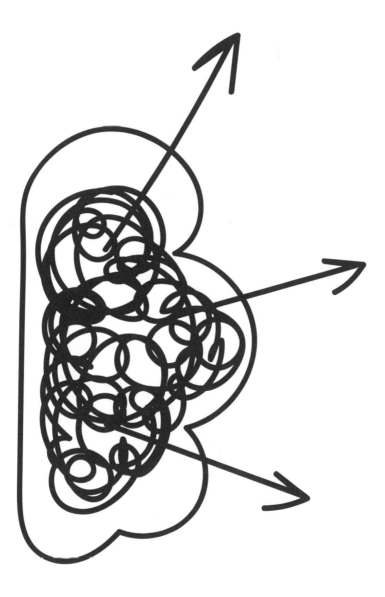

7

EL HOMBRE EN LA LUNA, EL GRAN SALTO DE LA HUMANIDAD QUE PUDO NO SER

En 2019 se celebró el 50 aniversario de la llegada del hombre a la luna. Concretamente el 20 de julio. Para aquellos que quieran recordar o ver por primera vez cómo se vivió el momento, nada como la emocionante y particular retransmisión que Jesús Hermida hizo en TVE[126]. Llegar a la luna, del romanticismo poético al mayor episodio fruto del desarrollo científico y técnico del siglo XX. Sin duda, un episodio hijo de la guerra fría entre Estados Unidos y Rusia. Oportunamente, también podemos considerar que fue nieto de la Segunda Guerra Mundial. En efecto, del Proyecto Manhattan al Proyecto Apolo: el primero concentró los esfuerzos científicos de la economía de guerra para dominar la energía nuclear, mientras que el segundo tenía como objetivo que la bandera de Estados Unidos fuera la primer en ondear en la luna. Como veremos posteriormente, esa misma bandera ondeó y ello precisamente ha sido una de las

---

126   Archivo RTVE. *La retransmisión de la llegada a la luna, comentada por Jesús Hermida* (1969) https://www.rtve.es/alacarta/videos/fue-noticia-en-el-archivo-de-rtve/retransmision-llegada-luna-comentada-jesus-hermida-1969/5332557/

fuentes de bulos más importantes en una teoría de la conspiración donde hablaremos de Stanley Kubrick, de la todopoderosa *National Aeronautics and Space Administration* (NASA, de aquí en adelante), de una serie como Expediente X, e incluso de James Bond.

Parece oportuno recordar también la operación *Paperclip*, que consistió en la extracción del capital humano y científico de la Alemania nazi hacia los Estados Unidos. Tengamos en cuenta que los científicos que no habían confraternizado con el nuevo régimen, y pudieron, emigraron, como fue el caso de Einstein, Freud, Schrödinger, Fromm o Krebs, por citar algunos de los ejemplos más famosos de científicos, fueran o no de origen judío. La operación Paperclip puede considerarse, pues, uno de los primeros choques y pugnas por captar, por las buenas o por las malas, a los ingenieros responsables de la potente industria de cohetes de la Alemania nazi, los V-2. Dicha operación llevó a muchos científicos y sus familias, como es el caso de Herbert von Braun, que tuvo un papel básico en la carrera espacial; Arthur Rudolph, que en 1984 sería finalmente desposeído de la nacionalidad americana por su papel en la contienda y la utilización de prisioneros como mano de obra; Kurt H. Debus, que sería el primer director del Centro de Operaciones de Lanzamiento de la NASA.

Retomando el hilo del proyecto Apolo, debemos tener en cuenta el increíble esfuerzo humano y económico llevado a cabo. En efecto, los datos oficiales de la NASA hablaban en 1973 de 25 800 millones de dólares de la época, que por inflación podríamos hablar actualmente de 260 000 millones de dólares[127]. Sí, cabe tener en

---

127 The Planetary Society. *How much did the Apollo program cost?* https://www. planetary.org/get-involved/be-a-space-advocate/become-an-expert/cost-of-apollo-program.html [Consulta: 25 Junio 2020]

cuenta que parte del conocimiento que se generaba para intentar enviar cohetes al espacio se usaba para crear misiles balísticos. Así, en la pugna con la Rusia comunista, esta había empezado avanzándose al ser el primer país en lanzar un satélite al espacio en 1957, el Sputnik I. Un año después, los Estados Unidos hacían lo propio con el Explorer I. También en 1957, la URSS envió a la perra Laika al espacio, aunque cabe recordar que no se tenía en aquel momento el conocimiento para hacer el viaje de vuelta. Otros dos ejemplos de la supremacía inicial de los soviéticos fueron la primera sonda en aterrizar en la Luna (Mechta) así como convertir a Yuri Gagarin en el primer astronauta de la historia en 1961. Por su parte, también Valentina Tereshkova fue pionera al ser la primera mujer astronauta en 1963.

A partir de ese momento, la iniciativa la tomaron los Estados Unidos, que consiguieron el siguiente gran reto que quedaba: ser el primero en pisar el satélite. Posteriormente, aunque hubo algunos episodios que impactaron y tuvieron la atención mundial, como el viaje del Apolo 13 que casi acaba en tragedia, la carrera espacial fue poco a poco perdiendo interés y justificación presupuestaria y empezaría otro tipo de exploración espacial, más austera y con mayor colaboración entre países.

Pisada del hombre en la luna, puesta en duda por los conspiracionistas que niegan el alunizaje.

Resulta paradójico todo el esfuerzo que hubo que llevar a cabo, todo aquel patriotismo espacial, para que en una encuesta sobre la percepción de la carrera espacial en 2019, alrededor de un 10 % de los estadounidenses de entre 18 y 49 años crean que la llegada a la luna fue un montaje. De hecho, cuanto más joven, más se cree en la teoría de la conspiración[128]. Como en muchos de los bulos científicos, son tan importante los hechos como el contexto y los motivos. Me parece oportuno relacionar estas encuestas con otras llevadas a cabo en relación con otros bulos. En efecto, emerge un porcentaje de encuestados que siempre niegan cada uno de los avances y conocimientos científicos. Parece lógico, incluso un alivio, pensar que ese mismo porcentaje corresponde a un mismo sector poblacional que genera sus referentes de mitos y bulos como sistema de creencias, y niegan la evolución, la llegada a la Luna, el cambio climático y que la tierra es esférica. En este caso, pues, no solo hablamos de desconfianza respecto al gobierno, sino también respecto la NASA, que pasa a ser un foco de conspiraciones y engaños según el punto de vista de estos colectivos.

Como han estudiado Karen M. Douglas *et al*[129], creer en las teorías de conspiración «parece estar impulsado por motivos que pueden caracterizarse como epistémicos, existenciales o sociales». En el primer caso, el epistémico, cuando la información es incierta o no está disponible, la mente humana comienza a buscar formas alternativas de explicar lo inexplicable. Así, como se explica en el proyecto *Moon Landing Hoax*[130], las teorías de conspiración permiten que las personas tengan un sentido de certeza y validez

128 Statista. *Share of people in the U.S. who think the U.S. moon landing was real in 2019, by age* https://www-statista-com.biblioteca-uoc.idm.oclc.org/statistics/1033942/moon-landing-united-states-staged-real-age/

129 Douglas, K.D.; *et al.* (2017). «The Psychology of Conspiracy Theories». *Current Directions in Psychological Science*, vol. 26, núm. 6, pp. 538–542 https://journals.sagepub.com/doi/pdf/10.1177/0963721417718261

130 Fales, E.; *et al. Moon Landing Hoax.* https://moonlandingfys.weebly.com/why.html [Consulta: 20 de mayo de 2020]

sobre la situación. Las personas son más propensas a recurrir a las teorías de conspiración cuando ocurre un gran evento para el cual la explicación o bien el razonamiento detrás de ello es pequeño en comparación. En cuanto a los motivos existenciales, aducen a que existen personas que sin el control del entorno pueden sentirse inseguras, ansiosas o incluso desesperadas por encontrar un sentido de autonomía. Así, las teorías de conspiración les permiten sentir que vuelven a controlar aquello que sucede a su alrededor. El tercer grupo de motivos que describen Douglas y colaboradores, los sociales, reflejan «cómo los humanos al ser animales sociales necesitan sentirse valorados y ser parte de un grupo que comparte intereses y objetivos comunes». En este sentido, las teorías de conspiración se pueden promover o crear dentro de estos grupos al culpar de ciertos efectos o eventos negativos a otros fuera del grupo. Este tipo de tribalismo crearía, afirman, «un narcisismo colectivo, una creencia en la grandeza del grupo junto con la creencia de que otras personas no lo aprecian lo suficiente». Como veremos en relación con el cambio climática, la NASA pasa a ser otro de los sospechosos habituales de las conspiraciones[131].

Si tenemos en cuenta todos estos motivos, siempre será importante la visión científica y el desmentido activo de los bulos, pero no siempre cabrá esperar una rectificación porque subyacen, a menudo, otros motivos diferentes de la razón. Recordemos la cita de Arthur Clarke como la tercera ley relacionada con el avance científico, «cualquier tecnología lo suficientemente avanzada es totalmente indistinguible de la magia». A menudo parece que estemos en este punto.

En lo que se refiere al origen del bulo, distintas visiones citan como principal fuente al famoso libro de Bill Kaysing publicado en 1976, *We Never Went to the Moon: America's Thirty Billion Dollar Swindle!*

---

131 Lewandowsky, S.; *et al.* (2013) «NASA Faked the Moon Landing—Therefore, (Climate) Science Is a Hoax: An Anatomy of the Motivated Rejection of Science», *Psychological Science*, vol. 24, núm. 5, pp. 622–633. DOI: 10.1177/0956797612457686

(Nunca fuimos a la Luna: el timo de los 30.000 millones de dólares de América), originalmente publicado juntamente con Randy Reid, aunque este ya no apareció en las siguientes reediciones. Según Kaysing, ex-empleado de una empresa que construyó cohetes para la NASA, existían documentos secretos que daban luz sobre unos rumores sobre los cuales se había hablado mucho. Un perfecto manual conspiracionista.

Me parece sumamente interesante el argumento de Amanda Hess en un artículo en el *New York Times* donde destaca que tanto Kaysing con su libro como Bart Sibrel en su documental en 2001, *A Funny Thing Happened on the Way to the Moon* (Algo curioso sucedió camino a la luna), pueden ser considerados conspiracionistas que efectivamente con sumo esfuerzo y mucha incomprensión crean un argumentario para demostrar su teoría. Aunque sea equivocada, los compara con youtubers como Shane Dawson, en cuyo caso no queda claro si nos encontramos ante un personaje creado en la golosa economía digital donde uno puede hacerse rico atrayendo visitas, independientemente de los contenidos. Seguramente, la verdad vende menos, y es comprada y consumida menos veces. Eso coincide con la actual visión de que las *fake news* se difunden más que las verdaderas, como han estudiado autores como Vosougui *et al*[132].

La fuerza audiovisual para crear mitos y leyendas encuentra en este bulo, tal como recoge el portal MoonlandingHoax, muchos ejemplos. Por ejemplo, la propia película de Stanley Kubrick *2001: Odisea en el espacio* y su meticulosa y acertada escenografía haría pensar que precisamente la real podría ser también un montaje, por lo bien y robustos que parecen los montajes en la ficción. Volveremos más tarde a Kubrick. También en la película de James Bond *Diamantes para la eternidad* una de las escenas de persecución (con los elementos de animación de la época) tiene lugar en un plató

---

132 Vosougui, S.; *et al.* (2018). «The spread of true and false news online», *Science*, vol. 359, núm. 6380, pp. 1146-1151. https://doi.org/10.1126/science.aap9559

parecido al alunizaje. Finalmente, también en la famosa serie de los 90 Expediente-X se incluyeron referencias a dicha teoría de la conspiración.

A medio camino entre la broma y la búsqueda de notoriedad, un verificador norteamericano, Snopes, llevó a cabo en 2003 la verificación de un vídeo donde se ve que a medio camino del alunizaje cae un juego de focos sobre el plató donde se está filmando[133]. Para añadir un poco de complejidad y en relación con Stanley Kubrick, cabe destacar *Operación Luna*, el falso documental (*mockumentary*, en inglés) que se rodó en 2002 y que contó con la colaboración y aparición de personajes ilustres como Donald Rumsfeld y Henry Kissinger, el astronauta Buzz Aldrin, y la viuda del director, Christiane Kubrick. Dirigido por William Karel, trata de la teoría de la conspiración sobre el alunizaje del Apolo 11 afirmando que se trató de un gran montaje orquestado por el presidente Nixon y ejecutado por Kubrick[134].

Pero volvamos la vista hacia los principales argumentos esgrimidos por los conspiracionistas. Una cincuentena de ellos fue recogida por Eugenio Fernández en un libro *La conspiración lunar* dentro de la colección ¡Vaya timo![135]. También Philip Blait en su obra *Bad Astronomy* dedicó tiempo a desmontar las principales teorías y argumentos. Para considerar la endeblez de la mayor parte de argumentos, muchos de ellos se refieren a la observación de las fotografías. Así, la inexistencia de estrellas en las fotografías hechas desde la luna confirmaría que no se llegó al satélite. En realidad, como en muchos de nuestros teléfonos inteligentes, las lentes que tenían aquellas cámaras de fotografía estaban hechas para tener

133 Snopes. *Is This an Outtake from the Apollo 11 Moon Landing?* https://www.snopes.com/fact-check/moon-truth/ [Consulta: 20 de mayo de 2020]

134 Zas Marco, M. *El 'mockumentary' sobre la llegada a la Luna que Iker Casillas se creyó* https://www.eldiario.es/cultura/cine/mockumentary-aterrizaje-Luna-Iker-Casillas_0_796520473.html [Consulta: 20 de mayo de 2020]

135 Fernández, E. (2009). *La conspiración lunar* (Colección vaya timo! Pamplona: Laetoli Editorial S.L.

más calidad y resolución en los primeros planos, no en el fondo, y por ello no se verían.

Como hemos comentado anteriormente, la bandera y su movimiento en determinados momentos del vídeo podría hacernos pensar que en esa escena existe viento, cosa que no es posible si estamos en la luna. Para explicar este movimiento, en las imágenes en vídeo se ve cómo se mueve la bandera en el momento por la fuerza producida al ser clavada en la superficie lunar. Sin embargo, una vez hecho, vemos cómo las arrugas siguen siendo las mismas en las fotografías[136]. Un artículo científico reúne todos los aspectos en relación con las imágenes para aquellos que quieran profundizar[137].

Otro de los aspectos que a menudo recogen las principales dudas sobre el alunizaje es precisamente el tipo de suelo al que se llegó, y cómo es posible que existan las pisadas (y se mantengan) a la vez que no se creara un cráter mayor al aterrizar el módulo lunar. Dichos aspectos son habitualmente respondidos con relación a los sistemas que tienen los vehículos espaciales para poder frenar. En cuanto al tipo de material y a las pisadas, cabe recordar que de la luna se trajeron de las seis expediciones 382 kg de piedras lunares y se ha podido comprobar que son de una antigüedad distinta a las de la Tierra.

Un argumento interesante a favor de la llegada a la luna es poner la carga de duda en la conspiración. Es decir, si fuera verdad que no se aterrizó en la luna, el coste y la dificultad de mantener aquella mentira sería extraordinario. Tal como afirma el conocido

---

136 Forsmann, A. *Un debate interminable (y absurdo): ¿pisó el hombre la Luna?* https://www.nationalgeographic.com.es/ciencia/actualidad/debate-interminable-piso-hombre-luna_12999/2

137 Perlmutter, D. D.; *et al.* (2008). «(In)visible evidence: pictorially enhanced disbelief in the Apollo moon landings». *Visual Communication*, 7(2), 229–251. https://doi.org/10.1177/1470357208088760

divulgador científico Neil deGrasse Tyson[138], resultaría más fácil ir a la luna que falsear la gran cantidad de datos y documentos que el proyecto generó, así como el coste y la dificultad de mantener la mentira entre los cientos de personas implicados en el proyecto y los miles de trabajadores que participaron en el proyecto. Como en otras ocasiones, resulta más sencilla la explicación positiva que no la negativa. En una estimulante investigación, D.R. Grimes dedujo con relación a otras conspiraciones detectadas que la lunar debería haber sido descubierta en menos de 4 años[139]. Como afirma Mohorte[140], otro argumento de peso para creer en que fuera cierto fue la facilidad y la aceptación por parte de los rusos. Si el principal enemigo en aquellos momentos de los Estados Unidos, expertos en crear desinformación, no hubieran dado credibilidad al hecho, ¿no habríamos vivido una campaña de desprestigio y de no reconocimiento, incluso de nuevos vuelos lunares rusos? Como curiosidad, existe la serie «For All Mankind», una ucronía que imagina que «la antigua URSS se hubiese adelantado a los Estados Unidos y hubiese plantado la bandera con la hoz y el martillo antes que los norteamericanos»[141].

La llegada a la luna, como es lógico, fue uno de los temas del famoso programa *MythBusters*, donde Adam Savage y Jamie Hyneman como caras más visibles intentaban, mediante la ciencia y la experimentación directa, contestar a mitos y creencias en

---

138 Penguin Books UK. *Was the Moon Landing faked? | Big Questions with Neil deGrasse Tyson* https://www.youtube.com/watch?v=uTChrirK-hw [Consulta: 20 de mayo de 2020]

139 Grimes, D.R. (2016) «On the Viability of Conspiratorial Beliefs». *PLoS ONE* vol. 11, núm. 1: e0147905. https://doi.org/10.1371/journal.pone.0147905

140 Mohorte. *Siete dudas que siempre tienen los conspiracionistas de la Luna, resueltas* https://magnet.xataka.com/en-diez-minutos/siete-dudas-que-siempre-tienen-conspiracionistas-luna-resueltas [Consulta: 20 de mayo de 2020]

141 McLoughlin. *Sí, los rusos llegaron primero a la Luna pero nunca como Apple se imagina en su serie* https://www.elconfidencial.com/tecnologia/2019-06-09/apple-serie-la-luna-for-all-man-kid-rusia-carrera-espacial_2056582/ [Consulta: 20 de mayo de 2020]

relación con la ciencia. Según ellos, pues, y después de analizar algunas de las dudas habituales en manos de los conspiracionistas, el hombre pisó la Tierra[142].

Uno de los argumentos más conocidos para demostrar el alunizaje es el de usar rayos láser para comprobar que los reflectores que dejaron allí los astronautas permiten confirmar su presencia. Incluso en el episodio 23 de la tercera temporada de la conocida serie «The Big Bang Theory» reproducen también el experimento haciendo énfasis en el sentido de que aquello demuestra que sí se estuvo allí[143]. Me parece relevante que tanto desde la divulgación científica como entretenimiento como en una serie sobre científicos se aborde el problema teniendo en cuenta las nuevas generaciones que no vivieron el alunizaje en directo.

Finalmente, tal como sucede con otros bulos que aparecen en este libro, el papel de un famoso como viralizador de la teoría de conspiración, por error o por creencia, acaba de dar muchas veces un mayor impulso a un bulo. En el caso de la llegada a la Luna, cabe destacar cómo en 2018 Iker Casillas hizo incluso posicionar de nuevo al astronauta Pedro Duque al hacer una votación en su perfil de Twitter sobre si la gente se creía la explicación oficial. Él defendía que no. Fuera o no una campaña de publicidad, abría de nuevo un debate que en 2019 en el cincuenta aniversario del alunizaje volvió a circular masivamente en redes[144].

Es evidente que se trata de uno de los bulos que menos implicaciones tiene con relación a si fuera o no verdad, pero tiene que ver con la confianza en la administración, el progreso

---

142 MythBusters. *Mythbusters | Moon Landing Hoax | Full Episode* https://www.dailymotion.com/video/x2m7k1z [Consulta: 20 de mayo de 2020]

143 *The Lunar Excitation* https://bigbangtheory.fandom.com/wiki/The_Lunar_Excitation [Consulta: 20 de mayo de 2020]

144 Rubio, J. *No nos la han colado, Casillas: la NASA llegó a la Luna.* https://verne.elpais.com/verne/2018/07/24/articulo/1532426552_135048.html [Consulta: 20 de mayo de 2020]

y la ciencia. Como estamos viendo a lo largo de libro, cuando empezamos cuestionando dichos estamentos, abrimos la puerta a no confiar en razones y argumentos que pueden ser mucho más decisivos. Algunos aún parecen estar en la luna, pero no tengo claro quiénes.

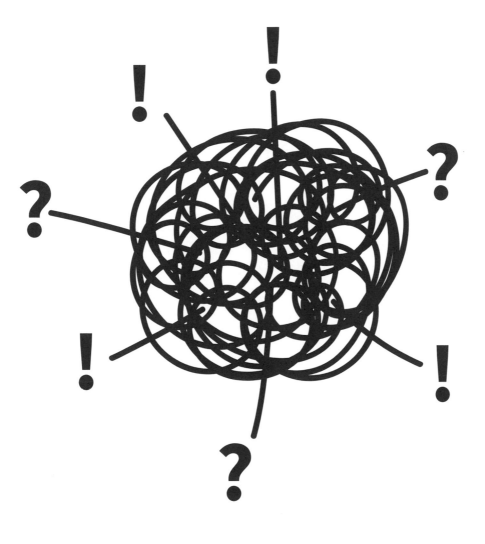

8

EL CAMBIO CLIMÁTICO, LA NATURALEZA FRENTE A LA DEVASTACIÓN HUMANA

El presente capítulo es según mi punto de vista muy relevante por cuanto nos estamos refiriendo al que es apuntado como uno de los principales retos de la humanidad. Sí, esperemos pasar más pronto que tarde la crisis de la COVID-19 que tanto sufrimiento e incertidumbre ha causado, pero sí existe certidumbre sobre los efectos de la actividad humana sobre los recursos del planeta y tampoco se están haciendo todos los esfuerzos posibles. En las próximas páginas, veremos cómo se ha acentuado la visión ideológica y política del ecologismo, y aunque existen intentos sinceros de encauzar un problema que no se soluciona en los cuatro años de una legislatura haciendo más difíciles sus sacrificios, aún no existe un diagnóstico compartido.

Como veremos, no existen divergencias significativas con relación al cambio climático en el mundo científico ante los hechos, pero sí en cómo el sistema económico debe dar respuesta, si debe hacerlo y con qué cambios en la producción de energía. Sin duda, el cambio climático y la necesidad continua de creación de riqueza y crecimiento económico no parecen ir parejos y ello explica alguna de las visiones que intentan demostrar que el cambio climático es un bulo, cuando lo sería precisamente su negación.

Cabe tener en cuenta que con relación al cambio climático como consecuencia del calentamiento global se unen los hechos a la existencia de una agenda política, que se entremezcla en las visiones sobre el fenómeno. Además, existen los posibles conflictos de intereses entre los financiadores de los principales estudios que cuestionan que el cambio climático sea antropogénico. Estos nutren de ruido, dudas y argumentos conspiracionistas a un debate científico que debería ser urgente pero que como pudo comprobarse en las cumbres de París (2015, COP21) y Madrid (2019, COP25), responden en ocasiones a visiones geopolíticas antagónicas.

Este capítulo nos permite también reflexionar sobre el hecho de que disponer de datos primarios claros y consolidados no evita que entonces se pongan en duda no los datos, sino la interpretación. Así, ofreceremos algunos de los principales datos observados, la conclusión principal que los expertos ofrecen a estos datos, así como las visiones contrarias y algunas de sus posibles motivaciones. Ciencia y poder chocan de nuevo, como en nuevas olas desde Galileo, Darwin o Einstein. Sobre todo, veremos también cómo este choque ha sido muy importante en los Estados Unidos. De nuevo, Trump y la importante victoria ante Clinton en 2016, pero también victoria para muchos de los grupos de presión y financiadores del partido conservador, dependientes de la riqueza basada en los combustibles fósiles, indiscutibles responsables del cambio climático, a la vez que actores para el freno de consensos políticos.

En primer lugar, quisiera destacar el papel activo y preeminente que ha tenido la NASA en el estudio y divulgación del cambio climático, así como el coste que ello ha tenido para la agencia. Ya en 2016 Gavin Schmidt, director del Instituto Goddard de la NASA, urgió a Donald Trump «a examinar los recientes datos de la agencia espacial (el segundo mes de octubre más cálido jamás registrado en aquel momento) y aceptar la evidencia del cambio climático». «Al calentamiento global no le importa el resultado de las elecciones americanas», afirmó[145].

Asimismo, fue muy criticado también el nombramiento por parte del presidente Trump de Jim Bridenstine para dirigir la NASA, al ser un escéptico del cambio climático. Incluso en 2017 hubo un *hackathon* (evento que toma su nombre de la fusión de *hacking marathon*, un encuentro de programadores para resolver un reto) de científicos para descargar y preservar los datos ofrecidos por la agencia ante el temor de que una nueva presidencia con tintes negacionistas pudiera hacerlos desaparecer[146]. Sí hubo por ejemplo la cancelación, en 2018, del sistema de monitorización de gases de

145 Fresneda, C. *La NASA desafía a Trump ante el cambio climático* https://www.elmundo.es/ciencia/2016/11/17/582d9176e5fdeaab208b456d.html [Consulta: 10 Junio de 2020]

146 Temple, J. *Estudiantes y científicos se alían para proteger los datos climáticos frente a Trump* https://www.technologyreview.es/s/6719/estudiantes-y-cientificos-se-alian-para-proteger-los-datos-climaticos-frente-trump [Consulta: 10 Junio de 2020]

efecto invernadero que usaba la NASA, uno de los más sofisticados y útiles del mundo para entender el calentamiento global[147].

Como hemos visto anteriormente en el bulo de la llegada a la luna, la agencia espacial vuelve a ser protagonista de las campañas de las teorías de la conspiración. Aun así y como diferencia significativa, la llegada o no a la luna parece un efecto relacionado más con el valor de una época, del pasado, y en el caso del cambio climático lo que sucede es a futuro, y por tanto, mucho más relevante y peligroso, añadiría.

El cambio climático y la necesidad de tomar medidas globales ha llevado a manifestaciones globales en todo el planeta, con una fuerte presencia de jóvenes y del colectivo científico.

---

147 Campillo, S. *Qué implica el desmantelamiento del programa espacial contra el cambio climático de la NASA* https://www.xataka.com/espacio/que-implica-el-desmantelamiento-del-programa-espacial-contra-el-cambio-climatico-de-la-nasa [Consulta: 10 Junio de 2020]

Los principales datos ofrecidos por la NASA y que cuentan con el consenso mayoritario de la comunidad científica se pueden observar en la siguiente tabla a partir de los datos más destacados de su portal de información sobre el cambio climático global.[148]

La temperatura global de la tierra desde 1880 se ha incrementado 0,98 °C
19 de los 20 años más calientes han tenido lugar desde 2001
El nivel del mar está subiendo 3,3 mm cada año
Los niveles de CO_2 en el aire son los más altos de los últimos 650 000 años
Los polos se están reduciendo año a año

Estos son los hechos actuales, lo que preocupa a nivel de futuro son las consecuencias de esta dinámica y saber si va a empeorar o incluso si ya es tarde para revertirlo.

Por otra parte, si importante es calibrar y entender los datos que conducen al marco del cambio climático, también es importante tener en cuenta la percepción de la ciudadanía respecto al problema. A continuación, comentaremos algunas encuestas recogidas por Statista y el prestigioso Pew Research Center:

- Según un estudio de 2020, un 56 % de los adultos de Estados Unidos cree que la mayor parte de los científicos dicen que está teniendo lugar un calentamiento global, mientras que casi un 25 % cree que no hay consenso entre los científicos. Hace 10 años eran un 33 % los que creían que no había consenso. Es importante, pues, en estos casos, cuestionar la importancia de tener estudios cruzados que dan datos distintos y sus consecuencias en la percepción de la ciudadanía[149].

---

148 NASA. *Global Climate Change* https://climate.nasa.gov/ [Consulta: 10 Junio de 2020]

149 Statista. *Perceived scientific consensus on climate change among U.S. adults from 2008 to 2020* https://www.statista.com/statistics/623608/public-perception-of-the-share-of-climate-scientists-who-think-human-caused-global-warming-is-happening/ [Consulta: 10 Junio de 2020]

- Una encuesta de 2020 mostraba cómo un 73 % de los encuestados en Estados Unidos creía que sí estaba teniendo lugar el calentamiento global[150].

- En otra encuesta hecha en distintos países, se preguntaba sobre si se creía que el cambio climático era producido total o mayoritariamente por la acción humana. Significativamente, países como Corea del Sur mostraban que un 72 % de los encuestados estaban a favor de la afirmación, China un 58 %, pero Japón, con un 38 % y los Estados Unidos con solo un 33 % daban credibilidad esta idea. Sí, Estados Unidos tiene muchos problemas de polarización política e ideológica, y el cambio climático ha pasado a ser otro de ellos.

- Existe una diferencia significativa entre la visión entre republicanos y demócratas estadounidenses alrededor de las políticas del cambio climático. Por ejemplo, según una encuesta en 2019, el 71 % de los demócratas dijo que las políticas destinadas a reducir el cambio climático generalmente proporcionan beneficios netos para el medio ambiente, en comparación con aproximadamente un tercio de los republicanos (34 %). Por su parte, los republicanos ven más riesgos que los demócratas cuando se trata de los efectos económicos de las políticas climáticas. Alrededor de la mitad de los republicanos (52 %) dijo en 2019 que tales políticas dañan la economía. En contraste, la mayoría de los demócratas dijeron que las políticas climáticas ayudan (47 %) o no hacen ninguna diferencia (38 %) a la economía[151].

150 Statista. *Do you think global warming is happening?* https://www.statista.com/ statistics/663247/belief-of-global-warming-according-to-us-adults/ [Consulta: 10 Junio de 2020]

151 Funk, C.; *et al. How Americans see climate change and the environment in 7 charts* https://www.pewresearch.org/fact-tank/2020/04/21/how-americans-see-climate-change-and-the-environment-in-7-charts/

Como vemos, los hechos, los datos, parecen suficientemente bien contrastados, lo que veremos que puede diferir es la interpretación de dichos hechos, el modelo, cómo va a evolucionar en los próximos años y las causas que han llevado hasta aquí.

Por tanto, ¿podemos hablar de bulo en el caso de quien pone en duda el cambio climático? Tal como apuntaba en el prólogo, la ciencia tiene que ser abierta, también de miras, y no caer en una visión homogénea y totalitarista. Así, interpretaciones diferentes de unos hechos deben ser aceptadas, aunque sean minoritarias, y deben ponerse en el debate sobre el cambio climático. Pero ello no invalida el posicionamiento mayoritario de los científicos.

Por poner algunas cifras de qué consenso representa en el mundo científico el papel del hombre en el problema climático, basta con ver un interesante estudio del 2016 que comparaba las distintas publicaciones de los expertos en el estudio del clima, y en el cual entre unos y otros mostraba un consenso muy mayoritario alrededor del papel de la acción humana sobre el calentamiento global, situándose entre el 90 % y el 100 %,[152]. Carlton *et al* también encontraron cifras similares de consenso en áreas como la biofísica[153].

Siendo así, ¿por qué existen tantos contenidos críticos con la correlación cambio climático y el papel del hombre? Como veremos, pocos científicos con grandes plataformas de apoyo pueden hacer mucho ruido y además los científicos no tienen una visibilidad prominente dentro de la agenda política y mediática.

Y es aquí donde hablamos del negacionismo del cambio climático y por tanto según mi punto de vista un bulo creado como una

152 Coo, J.; *et al.* (2016). «Consensus on consensus: a synthesis of consensus estimates on human-caused global warming», *Environmental Research Letters*, vol. 11, núm. 4 https://doi.org/10.1088/1748-9326/11/4/048002

153 Carlton, J.S.; *et al.* (2015). «The climate change consensus extends beyond climate scientists», *Environmental Research Letters*, vol. 10, núm. 9 https://doi.org/10.1088/1748-9326/10/9/094025 . Volume 10, Number 9

burbuja para ofrecer dos visiones que parecerían estar en igualdad de condiciones. Y ello no es así. En el campo científico, no existen dudas significativas.

Dediquemos, pues, las próximas páginas a considerar quién niega el cambio climático, el papel del hombre y cuáles son sus motivos. En primer lugar, tengamos claro que, si la visión mayoritaria fuera que la actividad humana no ha intervenido en el calentamiento global, entonces no deberían tomarse medidas por cuanto nada de lo que se hiciera parecería afectar al clima. Solo ver las grandes cumbres y foros internacionales dedicados a ello, nos hace ver que, aunque sea con la boca pequeña y en medio del conflicto geopolítico, poco o mucho se reconoce que existe un problema, a lo sumo se intenta que el esfuerzo de cambiar el sistema de extracción de energía y la industria contaminante la deban cambiar las otras potencias y no la propia.

Pero volvamos a la consciencia sobre el cambio climático. Ya en 1896, el científico sueco Svante Arrhenius publicó una nueva idea. Al quemar combustibles fósiles como el carbón, agregando así CO_2 a la atmósfera de la Tierra, la humanidad elevaría la temperatura promedio del planeta, sumando su acción a la creación natural del CO_2 e interviniendo en el ciclo natural. Este «efecto invernadero», como más tarde se denominó, era solo una de las muchas especulaciones sobre el cambio climático. Como afirma Weart, «los pocos científicos que prestaron atención a Arrhenius utilizaron experimentos torpes y aproximaciones aproximadas para argumentar que nuestras emisiones no podían cambiar el planeta. La mayoría de la gente pensaba que ya era obvio que la insignificante humanidad nunca podría afectar los vastos ciclos climáticos mundiales, que se regían por un "equilibrio de la naturaleza" benigno»[154].

---

154 Weart, S. *The Discovery of Global Warming.* https://history.aip.org/climate/index.htm#contents [Consulta: 10 Junio de 2020]

Poco a poco, y en especial durante la segunda mitad del siglo XX, los estudios fueron encontrando sistemas de análisis de sedimentos y modelos matemáticos para poder establecer un control de los cambios que se iban produciendo. A medida que se genera nuevo conocimiento, las teorías que deban un papel importante al sol en el proceso fueron decayendo. En la década de los 70 y tal como recoge la revista *Newsweek* en un artículo de autocrítica, también existía una divergencia sobre si se estaba produciendo un enfriamiento o un calentamiento porque aún no existían protocolos claros de medida[155]. La visión sobre un enfriamiento acabó siendo desestimada por el mismo progreso del conocimiento creado. Como vemos, en la creación del saber científico aparecen distintas hipótesis y mediante el método científico como si fuera una partida del conocido juego «¿quién es quién?» se van eliminando hasta que nos encontramos con el modelo aceptado. Así, ya a finales de la década de los 80, se celebró la «Conferencia Mundial sobre la Atmósfera Cambiante: Implicaciones para la Seguridad Global», que reunió a cientos de científicos y a otras personas interesadas en Toronto. La conferencia concluyó afirmando que los cambios en la atmósfera debidos a la contaminación humana «representan una amenaza importante a la seguridad internacional y están teniendo ya consecuencias dañinas sobre muchas partes del globo terráqueo»[156]. Por su parte, científicos como James E. Hansen también llevaron a cabo declaraciones rotundas sobre que el calentamiento por la acción humana ya estaba afectando considerablemente al clima global[157].

---

155 Adler, J. *Climate Change: Prediction Perils* https://www.newsweek.com/climate-change-prediction-perils-111927 [Consulta: 10 Junio de 2020]

156 United Nations Environment Programme (1988) *The Changing atmosphere: implications for global security.* https://wedocs.unep.org/handle/20.500.11822/29980

157 Milman, O. *Ex-Nasa scientist: 30 years on, world is failing 'miserably' to address climate change* https://www.theguardian.com/environment/2018/jun/19/james-hansen-nasa-scientist-climate-change-warning [Consulta: 10 Junio de 2020]

Por tanto, los científicos llevan años detectando y anunciando el problema. Veamos a continuación cuáles han sido los principales actores en la negación del cambio climático y sus argumentos (y motivaciones).

En primer lugar, quisiera comentar el caso de las investigaciones de Wei-Hock Soon, un astrofísico del *Harvard–Smithsonian Center for Astrophysics*, uno de los más destacados del mundo en la investigación sobre la actividad solar. De forma legítima, defiende que el cambio climático no tiene que ver con la acción humana, sino con los ciclos de actividad solar. De forma ilegítima, para llevar a cabo sus estudios y publicar sus artículos, no dejó constancia del posible conflicto de intereses por haber contado con la financiación de más de un millón de euros aportados por la petrolera Exxon Mobile, la fundación American Petroleum Institute y la empresa Southern Company, una importante consumidora de carbón[158]. Joan Canela en un interesante artículo lo llamó «negacionismo por encargo». Tanto Harvard como el Smithsonian quisieron dejar claro su apoyo a la idea general de la acción humana en el calentamiento global, a la vez que defendían la libertad académica de los investigadores[159].

158   Canela, J. *Negacionismo por encargo* https://www.ecoavant.com/medio-ambiente/negacionismo-por-encargo_2329_102.html [Consulta: 10 Junio de 2020]

159   Goldenberg, S. *Work of prominent climate change denier was funded by energy industry* https://www.theguardian.com/environment/2015/feb/21/climate-change-denier-willie-soon-funded-energy-industry [Consulta: 10 Junio de 2020]

La propia existencia de la visión de Soon ha sido usada constantemente por políticos e industriales en los Estados Unidos para intentar demostrar que no hay un consenso y que existe una teoría de la conspiración a favor de la visión mayoritaria del cambio climático. Así, se intenta demostrar que el bulo es la idea del cambio climático. Desde una visión europea, puede parecernos surrealista, pero la negación del cambio climático como estrategia para no cambiar el modelo productivo basado en un crecimiento constante va a ser, creo, un movimiento global. En 2009, los medios se hicieron eco del *ClimateGate*. A través de la filtración e interpretación sesgada de múltiples mensajes de la Unidad de Investigación Climática de la University of East Anglia, se pretendía demostrar que existía una conspiración mundial de científicos que suprimían los datos que no les interesaban y cuestionaban el cambio climático[160]. Incluso antes, en 1990, documentales como *La conspiración del invernadero* intentaban demostrar que los científicos que no coinciden con la línea mayoritaria no reciben fondos para investigar[161].

En el caso del Estado español, aunque la necesidad de cambios drásticos en el modelo económico y de producción industrial y de energía puede plantear dudas, no existía un movimiento negacionista fuerte, aunque en algún momento tanto el propio expresidente José María Aznar[162] como algún *think tank* como el Grupo de Estudios Estratégicos globales habían lanzado algún globo sonda al respecto de no dejarse llevar por las políticas ecologistas que iban «contra el progreso económico». Incluso en algún documento se referían a Al Gore como *Gorquemada* y al calentamiento global

160 Hickman, L. *Climate sceptics claim leaked emails are evidence of collusion among scientists* https://www.theguardian.com/environment/2009/nov/20/climate-sceptics-hackers-leaked-emails [Consulta: 10 Junio de 2020]

161 https://en.wikipedia.org/wiki/The_Greenhouse_Conspiracy

162 Ansede, M. *Los votantes de derechas no son más negacionistas del cambio climático* https://elpais.com/elpais/2018/05/07/ciencia/1525712321_828025.html [Consulta: 10 Junio de 2020]

como *camelamiento global* y al movimiento ecologista como fundamentalismo ecologista radical[163] Aunque el PP parezca haber moderado el discurso, en estos momentos es VOX el que parece haber tomado esta bandera recientemente al situarse en un desequilibrado posicionamiento entre no negar el cambio climático a la vez que dejar claro, como hace Rocío Monasterio, de que no hace falta tomar medidas políticas para satisfacer «las aviesas intenciones de "la extrema izquierda" para cambiar nuestro modo de vida y nuestra fuerza industrial. No hay motivo de alarma, no hay por qué malgastar dinero en esta estafa o cambiar de hábitos y costumbres porque el clima del planeta está en manos de una instancia superior al hombre». Sí, algo así como un «circulen» académico[164]. Tal como lo veo, este sería otro de los preocupantes mensajes de odio de este partido, en este caso al planeta, y que intenta situar la ecología como una posición ideológica retrocediendo de nuevo 50 años en la visión de los valores ecologistas que poco a poco habían impregnado las reglas de juego políticas.

Raúl Rejón relataba algunas de las formas de actuar de los grupos de presión en contra del cambio climático, en este caso con relación a la cumbre de Madrid de 2019, que debía celebrarse en Santiago de Chile pero que finalmente se hizo en Madrid por la situación social y económica chilena que llevó a miles de personas a las calles. Según Rejón, «El negacionismo clásico sobre el cambio climático ha ido pasando por varias fases: asegurar que no había tal fenómeno; no negarlo, pero afirmar que no implicaba problema alguno; admitir el problema, pero atribuirlo a causas naturales, nunca a la acción humana; y asegurar que la solución no estaba en manos de la humanidad»[165]. En el caso de Madrid, la presión de los

---

163 GEES. *Camelamiento Global* https://www.libertaddigital.com/opinion/gees/camelamiento-global-48271/ [Consulta: 10 Junio de 2020]

164 Fava, P. *Ni los votantes de Vox dudan del cambio climático: por qué no hay negacionistas en España* https://www.elespanol.com/ciencia/medio-ambiente/20200118/votantes-vox-cambio-climatico-no-negacionistas-espana/460454577_0.html [Consulta: 10 Junio de 2020]

165 Rejón, R. *El negacionismo climático adopta nuevas formas y discursos en la Cumbre de Madrid* https://www.eldiario.es/sociedad/neonegacionismo_0_969753736.html [Consulta: 10 Junio de 2020]

sectores del uso de combustible fósil pasaba por proponer soluciones que no redujeran el uso de dichos combustibles y reducir las emisiones con nuevos y mejores filtros. La solución más sencilla a nivel científico (reducción de emisiones) no es la prioridad a nivel político.

Cabe recordar que el propio presidente Trump (otra vez, Trump, sí) ya se significó antes de ganar las elecciones y ha aprovechado épocas de bajadas extremas de temperaturas para cuestionar el propio cambio climático. Su decisión días antes de la cumbre de Madrid de retirar a EE. UU. del Acuerdo de París impidió también alcanzar mayores consensos[166]. Aunque no lo parezca, es más comedido que cuando no tenía el encargo presidencial. Por ejemplo, en 2012 llegó a decir que el concepto del cambio climático había sido creado por y para los chinos para hacer la industria manufacturera de Estados Unidos menos competitiva[167].

Donald J. Trump ✔
@realDonaldTrump   ∨

The concept of global warming was created by and for the Chinese in order to make U.S. manufacturing non-competitive.

Traducir Tweet

8:15 p. m. · 6 nov. 2012 · Twitter Web Client

132,9 mil Retweets y comentarios   **67,8 mil** Me gusta

Tweet de Donald Trump en 2012, mucho antes de ser elegido presidente de los Estados Unidos.

Fuente: https://twitter.com/realDonaldTrump/status/265895292191248385

166   Sinc. *Trump retira a EEUU del Acuerdo de París* https://www.agenciasinc.es/Noticias/Trump-retira-a-EEUU-del-Acuerdo-de-Paris [Consulta: 10 Junio de 2020]

167   Ordóñez, R. *¿Quién niega el cambio climático?* https://www.elindependiente.com/futuro/medio-ambiente/2019/12/01/quien-niega-el-cambio-climatico/

A nivel geopolítico, parece que el esfuerzo sobre el cambio climático debe ser compartido siempre y cuando sean los otros países los que asuman más sacrificios. Y esto es un problema. Si en medio de la lucha de intereses, además aparecen los negacionistas del cambio o los que proponen medidas no relacionadas con el petróleo y el carbón, emerge la percepción de que no se está tomando el problema en serio y ello va a hacer mucho más difícil conseguir revertirlo. En una reflexión muy interesante, Laruelle *et al* plantean el hecho de que de la misma forma que entre los escenarios de respuesta a la crisis sanitaria del COVID-19, donde debían valorarse los costes económicos del distanciamiento social (en bajada del PIB) al ralentizar ciertos sectores de la economía, así, en el caso del cambio climático también debería valorarse el hecho de se trata de «aceptar una reducción del producto nacional bruto, a cambio de salvar vidas en el futuro. Los beneficios son superiores a los costes. Sin embargo, las medidas tomadas no son las mismas»[168]. Es decir, la urgencia de la crisis sanitaria ha facilitado tomar unas decisiones que son muy difíciles de tomar por lo que respecta al cambio climático porque, aunque los efectos estás anunciados, no forma parte aún del día a día de los países que juegan un papel más importante en el calentamiento global.

Finalmente, nos gustaría destacar un aspecto con relación al cambio climático y los bulos generados a su alrededor. Tal como estudió Hornsey *et al*, los Estados Unidos serían el núcleo irradiador (usamos el concepto de Errejón, sí) de la correlación entre escepticismo climático y los índices de ideología, donde son más fuertes. Esto sugiere que «hay una cultura política en los Estados Unidos que ofrece un estímulo particularmente fuerte para que los ciudadanos evalúen la ciencia climática a través de la lente de sus cosmovisiones». Aunque puede ser positivo puesto que permite que las ideologías conservadoras no tengan por qué ser en todas

---

168 Laruelle, M. ¿Por *qué no actuamos igual ante la COVID-19 y el cambio climático?* https://theconversation.com/por-que-no-actuamos-igual-ante-la-covid-19-y-el-cambio-climatico-139689 [Consulta: 10 Junio de 2020]

partes conspiracionistas y anti-cambio climático, sin duda alguna los grupos de presión entienden ya que deben moverse a nivel global y no solo en los Estados Unidos[169].

Como conclusión, recordar que, en este caso, la existencia de bulos y negación científica no es inocua, sino que nos acerca a peores escenarios. Sería recomendable que las plataformas de redes sociales asumieran un papel de control de los contenidos que cuestionan los hechos científicos como en algunos otros bulos que hemos visto.

Imágenes de la aceleración del derretimiento de los glaciares son habituales en medios de comunicación.

169 Hornsey, M.; *et al.* «Relationships among conspiratorial beliefs, conservatism and climate scepticism across nations», *Nature Clim Change,* vol. 8, 614–620 https://www.nature.com/articles/s41558-018-0157-2

9

EL CORTE DE DIGESTIÓN, DESDE LOS 80 DONDE MÁS VALÍA PREVENIR

Debo reconocer que desde el principio de la idea del libro tuve claro que la idea del corte de digestión, bulo o mito, tenía que aparecer de alguna manera recogida, aunque no fuera un reto global o un asunto al cual se dedican múltiples conspiracionistas con teorías de conjuras de médicos y padres para poder hacer la siesta. Creo también que ni Soros parece tener nada que ver, aunque reconozco que lo busqué, por si acaso. Pero somos generaciones que nos hemos criado en la creencia popular de que había que vigilar con bañarse en playas o piscinas después de comer porque podríamos tener un corte de digestión, algo que desde pequeños nos parecía un peligro mayor que un tiburón azul acechando nuestras playas como en la famosa película. El corte de digestión venía por haber comido y bañarse, y por no respetar las horas que cada familia decidiera que había que guardar antes del baño.

Aun así, la idea del mito tiene tanta fuerza que, aunque todo el mundo haya leído (esperemos) en algún momento u otro sobre que el corte de digestión en realidad no estaría relacionado con el aparato digestivo, no conocemos mejor forma de llamarlo ni de entendernos. A este hecho, cabe añadir que la paternidad nos hace cuestionar de forma importante nuestras creencias y nuestro saber transmitido. Sí, muchas ideas evolucionan, y existen aproximaciones y modelos de crianza distintos como podemos ver referente al uso del chupete, a la lactancia o incluso al parto natural. Dentro de las nuevas responsabilidades que acontecen al hecho de ser padres, el corte de digestión y decidir cómo gestionarlo, pasa a ser algo que ya no te afecta solo a ti, sino a tus hijos, y nada como este hecho puede explicar que la prudencia nos haga virar muy poco a poco estas ideas.

Es evidente que hablar de salud y prevención nos retrotrae a los nacidos antes de los 80 al programa de TVE «Más vale prevenir», emitido por TVE durante los años 1979 y 1987, años de bolas de cristal, veranos azules y digestiones de dos horas antes de bañarnos. El programa era presentado por el periodista Ramón Sánchez Ocaña. Sí, han leído bien, periodista. Pero ¿no era médico? Pues no, pero fue uno de los mejores comunicadores de temas médicos y científicos y que ayudó a formar, saber y tener curiosidad a muchos de los que veíamos el programa, cuando no había demasiadas opciones, eso también es verdad[170]. Como recuerda en entrevistas pasados los años, la gente lo trataba como un doctor y le pedían consejo, «era el médico que todos querían tener»[171].

---

170 Ikaz, J. *Qué fue de Ramón Sánchez Ocaña, de Más vale prevenir* https://yofuiaegb.com/que-fue-de-ramon-sanchez-ocana-de-mas-vale-prevenir/ [Consulta: 10 Junio de 2020]

171 Amilibia. Ramón Sánchez Ocaña: «Yo era el médico que todos querían tener» https://www.larazon.es/historico/5595 -ramon-sanchez-ocana-yo-era-el-medico-que-todos-querian-tener-por-amilibia-JLLA_RAZON_497573/

Es evidente que, aunque hayamos empezado el capítulo en un tono más cómico, los ahogamientos son un problema, y ya no solo por las evitables muertes por parte de emigrantes de viaje hacia un sueño falso de lujo y dignidad. Según recoge el informe de la Organización Mundial de la Salud, «cada año mueren casi 360 000 personas por ahogamiento: más del 90 % de ellos en países de bajos y medianos ingresos. Más de la mitad de estas muertes se encuentran entre los menores de 25 años, con niños menores de 5 años frente al mayor riesgo. Ahogarse es la tercera causa principal de muerte en todo el mundo para personas de 5 a 14 años (detrás del VIH y la meningitis)».[172] Por tanto, en determinados países es un problema de gran magnitud sobre todo en regiones pobres, dependientes de la pesca. Pero también debo decir que de hecho siempre me ha sorprendido la visión distinta que tenemos de los muertos por accidente de coche a los muertos en las playas. Sí, muere gente cada año en las playas. Lo que sucede es que muchas de estas muertes no estarían relacionadas con el hecho de bañarse justo después de comer sino de hacerlo en unas condiciones donde múltiples factores pueden ayudar, pero el motivo principal es la temperatura. Por tanto, no sería la digestión el factor diferencial, sino el calor exterior o acumulado por el cuerpo humano. De hecho, como describe Esther Samper, aunque puedan aparecer vómitos, la digestión sigue su curso, no es un proceso que se interrumpa[173].

Si miramos los datos del Centro de control y prevención de enfermedades de los Estados Unidos, «entre 2005 y 2014, hubo un promedio de 3 536 ahogamientos no relacionados con la navegación anualmente en los Estados Unidos. De ellos aproximadamente una

172 WHO. *Preventing drowning: an implementation guide.* Geneva: World Health Organization; 2017. https://www.who.int/publications/i/item/preventing-drowning-an-implementation-guide

173 Samper, E. *El corte de digestión: A fondo* https://blogs.elpais.com/la-doctora-shora/2011/08/el-corte-de-digestion-a-fondo.html [Consulta: 10 Junio de 2020]

de cada cinco personas que mueren ahogadas son niños de 14 años o menos»[174]. Aun así, cabe señalar que los principales factores de riesgo que se refieren en el informe norteamericano sería no saber nadar, la falta de barreras de separación en las piscinas, y la falta de supervisión parental a los niños. Desde una visión europea, la Organización Mundial de la Salud estima que cada año fallecen por ahogamiento en la Región Europea más de 5 000 personas con edades comprendidas entre los 0 y los 19 años.

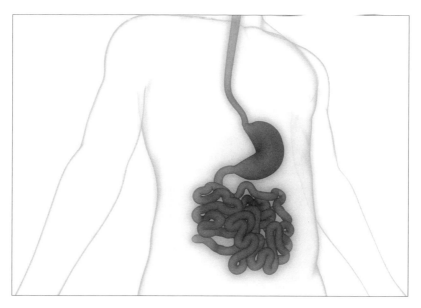

El corte de digestión no estaría relacionado con motivos digestivos sino con el gradiente de temperatura entre el cuerpo humano y el agua donde se sumerge un individuo.

174 CDC. *Unintentional Drowning: Get the Facts* https://www.cdc.gov/homeandrecreationalsafety/water-safety/waterinjuries-factsheet.html [Consulta: 10 Junio de 2020]

Desde una visión de lo que entendemos cuando hablamos de un corte de digestión, deberíamos usar en la mayor parte de casos el término shock termodiferencial o hidrocución (*hydrocution*, en inglés), tal como fue llamado por Lartigue en 1954, donde quiso hacer un paralelismo con la electrocución (muerte por descarga eléctrica)[175]. En este caso, sería la muerte por contacto con agua. Veamos cuáles son los mecanismos que tienen lugar. En primer lugar, existe el llamado reflejo de inmersión. Así, «cuando sumergimos la cabeza, la frecuencia cardíaca disminuye y se contraen los vasos sanguíneos más superficiales para aportar más oxígeno al cerebro. En los niños, este reflejo es más acusado y puede causar muerte súbita. Además, cuanto más fría esté el agua y más elevada sea la temperatura corporal, mayor es el reflejo de inmersión, ya que otra de las finalidades de este reflejo es conservar la temperatura de la persona»[176]. ¿Por qué haber comido puede ser un factor de riesgo? La digestión, que puede durar hasta cuatro horas, pasa a ser un foco prioritario de energía y flujo sanguíneo en detrimento del cerebro. Sí, la digestión es uno de los desencadenantes de la hidrocución, pero también lo son la existencia de patologías o traumatismos previos, la ingesta de alcohol y drogas, el haber hecho ejercicio físico con gran sudoración, la hipertermia o una temperatura del agua inferior a 27 °C[177]. Así, no sería el único de los motivos sino uno de los motivos y no necesariamente el más habitual. Es por ello, pues, que sí tiene todo el sentido la recomendación de que, independientemente de la hora del día, y de que si se haya comido o no, se entre de una forma paulatina en el agua, mojando poco a poco distintas partes del cuerpo para que la transición para el cuerpo sea la adecuada y no se produzca el shock.

---

175 Lartigue, G. (1954) «Hydrocution in Surface Swimming and in Deep Dive», *Ann Med Nav (Roma)*. Vol. 59, núm. 4, pp. 349-68.

176 FAROS. *El «corte de digestión», ¿riesgo real o infundado?* https://faros.hsjdbcn. org/es/articulo/corte-digestion-riesgo-real-infundado [Consulta: 10 Junio de 2020]

177 Oyarzábal, M. *Corte de digestión* https://amf-semfyc.com/web/article_ver. php?id=1445 [Consulta: 10 Junio de 2020]

A menudo, pues, lo que preocupa es que se haya pasado, con la teoría del péndulo, del corte de digestión como única creencia popular a haber dicho repetidamente que no existe, y eso podría ser un riesgo ante el hecho de la temperatura como factor de riesgo. Así, en múltiples medios de comunicación aparecen noticias hablando del mito del corte de digestión, pero aún se apunta como motivo ante alguna muerte. Gracia Pablos, en un artículo periodístico, recoge la opinión de Rosa Herrero Simón, coordinadora de la Comisión Sanitaria de la Real Federación Española de Salvamento y Socorrismo (RFESS): «La expresión "corte de digestión" no tiene uso de carácter médico-científico, pero se encuentra plenamente extendida a nivel social y debe interpretarse en su uso coloquial, dado que lo importante no son los conceptos técnicos, sino lo que la población entienda e interprete respecto a ellos y en este sentido todo lo que pueda permitir su prevención»[178]. En este mismo artículo, citan fuentes que sitúan que entre el diez y el cuarenta por ciento de las muertes por ahogamiento podrían ser debidas a la hidrocución.

Dentro del debate sobre si usar o no el concepto del corte de digestión, cabe tener en cuenta que el propio Ministerio dentro de las recomendaciones a las familias para el cuidado de los niños en periodo estival, sigue recomendando esperar 2 horas después de la comida como se puede ver en la imagen de la página siguiente recogida de su guía[179]. Por tanto, aunque de forma explícita no se cita el corte de digestión, siguen optando por la recomendación de guardar un tiempo prudencial. Ello ha llevado a debates en redes sociales sobre si se sigue perpetuando el mito o bien se opta

---

178 Pablos, G. *¿Por qué todavía hablamos de corte de digestión si en realidad no existe?* https://www.elmundo.es/grafico/ciencia-y-salud/salud/2018/09/02/5b7bf15d22601d7c6f8b4577.html [Consulta: 10 Junio de 2020]

179 Ministerio de Sanidad, Consumo y Bienestar Social. *Disfruta del agua y evita los riesgos. Guía para familias* https://www.mscbs.gob.es/ciudadanos/saludAmbLaboral/planAltasTemp/2019/docs/FOLLETO_Guia_familias.pdf

por dar mayor foco a uno de los posibles factores que pueden contribuir a la aparición de la hidrocución. De hecho, algunas voces se han expresado en contra de la recomendación por cuanto la digestión puede durar cuatro horas. De forma jocosa, incluso algunos participantes en el debate consideran que se trata de una posible conspiración de los padres para no tener que atender a los niños después de la comida y hacer la siesta[180]. Para la gente de Salud sin bulos, sin duda el corte de digestión sería un mito sin evidencias científicas y así lo han manifestado en su sitio web lleno de información muy útil desde el punto de vista científico[181].

Espera 2 horas después de la comida antes de bañarte.

Recomendación oficial del Ministerio de Sanidad, Consumo y Bienestar Social en su *Guía para familias. Disfruta del agua y evita los riesgos.*

Fuente: *https://www.mscbs.gob.es/ciudadanos/saludAmbLaboral/planAltasTemp/2019/docs/ FOLLETO_Guia_familias.pdf*

180 Tremending. *El Ministerio de Sanidad, los baños y las dos horitas después de comer* https://www.publico.es/tremending/2018/08/23/el-ministerio-de-sanidad-los-banos-y-las-dos-horitas-despues-de-comer/ [Consulta: 10 Junio de 2020]

181 Saludsinbulos. *El mito del corte de digestión en verano* https://saludsinbulos.com/observatorio/mito-corte-digestion-verano/ [Consulta: 10 Junio de 2020]

Como se ve, en uno de los bulos que podía parecer más sencillo, a menudo encontramos que blancos y negros en Medicina son difíciles y que una cierta prudencia incluso con poca base científica puede generar un debate en distintos entornos. Desde mi punto de vista, la prudencia con los niños ya considera que las comidas sean poco copiosas y que seguro que lo que no debe hacerse es desatender al niño en momentos de mucho sol. El corte de digestión es un marco mental incompleto porque nos ceñía a un momento, después de comer, donde seguramente había mucho calor. Pero ahora sabemos que también es importante la prudencia antes de comer y en momentos de mucho calor. Por su parte, el marco mental de que no existe el corte de digestión puede hacer bajar la guardia y conllevar que no se considere ninguna prevención y generar más hidrocuciones por irresponsabilidad.

Debemos, por tanto, poner el foco en la diferencia de temperaturas y no tanto en la digestión en sí. Sin embargo, creo que inevitablemente seguiremos viendo el término corte de digestión. Como decían los Gabinete Caligari, la fuerza de la costumbre es mi guía y mi lumbre.

10

LAS VACUNAS PRODUCEN AUTISMO, BULOS QUE CONSOLIDAN IDEOLOGÍAS

Como decía Friedrich Dürrenmatt, «tristes tiempos estos en los que hay que luchar por lo que es evidente». Puede parecer extraño, pues, tratar el tema de las vacunas en un momento en el cual además de la búsqueda del medicamento (o medicamentos) que puedan hacer más llevadero el COVID-19, también ha empezado la búsqueda (cual metafórica caza) de la vacuna (o vacunas) que mejor pueda(n) ayudar a prevenir nuevas oleadas de la enfermedad, sobre todo entre los grupos de mayor riesgo. Sin duda, hay que añadir que este «santo Grial» también lo será económicamente para el que lo consiga. Sí, el sistema de patentes que incluye como zanahoria a las empresas la concesión vía monopolio a cambio de que emerja el conocimiento generado para que al cabo de unos años se pueda disponer de genéricos, es uno de los aspectos que colocan al sector farmacéutico dentro de los focos conspiranoicos.

Como bien sabe el colectivo médico, más que nunca en los últimos años el debate sobre la necesidad de vacunación no solamente no ha arreciado, sino que se ha llevado allí donde todo pasa y todo queda, las redes sociales e Internet. Sobre todo, trataremos de las campañas de vacunación de los niños, dejando fuera la vacuna de la gripe que también genera sus problemas al tener índices de eficiencia más bajos por la mutación continua de sus cepas. Así, en este capítulo trataremos aspectos como la inmunidad de grupo, el doctor Wakefield y la revista *The Lancet*, pero también sobre las farmacéuticas. Sí, son un sector empresarial potente que busca lucrarse de su actividad, pero no creo que sea distinto a otros sectores con los mismos legítimos intereses. El adecuado equilibrio entre lo público y lo privado es aquello que posiblemente no estemos sabiendo encontrar, tanto para las vacunas como para las enfermedades raras o los males de los países no desarrollados. Según mi punto de vista, la visión de unas empresas como una conspiración de engaño para engordar el capitalismo y sus cuentas corrientes a cuenta de unas vacunas innecesarias debería contar con el beneplácito de la casi unanimidad del colectivo médico, y ello no parece compatible con la solución más sencilla. Como veremos más adelante, este mismo argumento no parece ser usado en el caso de la homeopatía.

Hablaremos de motivos para estigmatizar y dudar de las vacunas. Pero antes deberemos poner sobre la mesa una serie de hechos y estimaciones que hacen organizaciones como Unicef que tienen el recorrido suficiente y la visión global para entender la necesidad de las vacunas.

La existencia de movimientos antivacunas ha llevado a las asociaciones médicas a redoblar esfuerzos en la lucha contra enfermedades que parecían erradicadas.

Como afirma Unicef, «cada año las vacunas salvan las vidas de entre 2 y 3 millones de niños». Sí, cuando te puedan hablar de los problemas concretos que pueda surgir en algunos casos en la aplicación de una vacuna concreta, debemos siempre tener en cuenta este dato. Es cierto que ello no compensa a un padre y una madre en un momento en el cual la decisión activa y la acción consciente de poner una vacuna haya tenido una complicación crítica que pueda conducir incluso a la muerte. Pero aun siendo así, la decisión activa de no tomarla también puede hacerlo en una probabilidad más alta (si la gente dejara de vacunarse). El bien común por encima del individual, algo que en el caso de las vacunas es necesario para que funcionen. Sí, la quinta parte de los niños de todo el mundo no puede acceder a vacunas básicas, no tiene capacidad de elección. En su caso, como afirma la organización, «ser vacunado o no puede marcar la diferencia entre la vida y la muerte»[182]. Más datos. La vacuna contra el sarampión ha ayudado a prevenir cerca de 14 millones de muertes entre 2000 y 2012. En cambio, vemos que año a año el porcentaje de vacunación de dicha enfermedad va bajando a la vez que suben las muertes por ello, incluso en los países occidentales.

En efecto, cuando se consultan las estadísticas por ejemplo en Europa, podemos sacar distintas conclusiones. Según los datos ofrecidos en el informe sobre la confianza en las vacunas encargada por la Comisión europea en 2018[183], se observa que por ejemplo en el caso del sarampión, la cobertura en 10 países europeos ha ido bajando desde el 2010. Asimismo, cuando se pregunta a la gente sobre la confianza en las vacunas, en el caso del estado español el 96,1 % decían que era importante que los niños se vacunen, un 91,6 % que las vacunas son seguras y un 94 % que eran eficientes.

182 UNICEF. *Las vacunas salvan vidas* https://www.unicef.es/noticia/las-vacunas-salvan-vidas [Consulta: 10 Junio de 2020]

183 European Commission. *State of Vaccine in the EU 2018*. https://ec.europa.eu/health/sites/health/files/vaccination/docs/2018_vaccine_confidence_en.pdf

Los porcentajes pues son altos en comparación con otros países. En Polonia, por ejemplo, solo un 75,9 % de los encuestados afirman que es importante que se vacunen los niños, mientras que únicamente un 66 % en Bulgaria creen que son seguras.

Posiblemente se echa en falta alfabetización en el caso de las vacunas. Puede parecer que no son necesarias puesto que existen pocos casos de las enfermedades, que parecen enfermedades antiguas y casi desaparecidas, cuando es precisamente porque la mayoría de la gente está vacunada que existen pocos casos. De hecho, lo que llamamos la inmunidad de grupo, el que una gran parte de la población esté vacunada, es lo que hace que el virus no tenga la posibilidad de ir saltando de persona en persona, haciendo los brotes más pequeños y controlables.

Un gran argumento para los que no vacunan es precisamente decirles que ellos pueden tomar esta decisión porque la mayoría no lo ha hecho, y ellos pueden evitar las molestias normales mayoritariamente habituales (hinchazones, pequeños episodios de fiebre, malestar general, días de no normalidad) gracias a que la mayoría no lo hace. Por tanto, su decisión individual, como muchos de ellos defienden, no lo es, sino que está tomada justamente porque existe una decisión colectiva que les protege bajo su paraguas.

Uno de los argumentos mayoritarios de los grupos antivacunas es que no son inocuas. Cierto, generan una respuesta activa del cuerpo. En la mayor parte de casos será leve o muy leve y en algunos casos podría llegar a ser grave. También me parecería inadecuado negar que existe un riesgo. El portal de las vacunas de la Asociación Española de Pediatría (AEP) es un excelente recurso para informarse[184]. También, médicos como Carlos González[185] y

---

184 AEP. *Reacciones adversas a las vacunas* https://vacunasaep.org/profesionales/reacciones-adversas-de-las-vacunas [Consulta: 10 Junio de 2020]

185 González, C. *En defensa de las vacunas*. Barcelona: Temas de hoy, 2013.

académicos como Ignacio López-Goñi[186] han publicado excelentes libros para informarse más sobre las vacunas.

Como decía, en el portal de la AEP se dan los porcentajes de reacciones adversas de las vacunas. Leerlo no te hará dejar de vacunar. Lo que se debe hacer es considerar que si entre 2 y 4 casos entre un millón de la vacuna de la polio puede conducir a polio paralítica asociada a la vacuna, debemos pensar en cuántos casos de polio aparecerán si un millón de personas no se vacunan. Las estadísticas siguen estando del lado de la vacunación. Eso sí, también me parecería erróneo no informar de los peligros. Pero hay que hacerlo a la vez que se explican los peligros de las enfermedades por las cuales vacunamos a nuestros pequeños, porque este conocimiento está decayendo generación en generación.

Los países subdesarrollados siguen teniendo un problema de acceso a las vacunas. Y Europa tiene un problema de descrédito con las vacunas. Tomemos por ejemplo el sarampión. La OMS alerta del resurgir del sarampión en el viejo continente y que ha provocado, solo en la primera mitad de 2019, casi 90 000 casos de enfermos[187]. En efecto, año a año se ve cómo van aumentando los casos. Aunque algunos de estos casos puedan ser importados, es evidente que la bajada en las campañas de vacunación hace los brotes mayores y más peligrosos.

Pero con la acción vino también la reacción y, como afirma Salellas[188], los movimientos antivacunas aparecieron al poco tiempo de la primera vacuna, que fue la de la viruela, descubierta por Edward Jenner en 1798, quien como médico rural observó que «los granjeros que ordeñaban las vacas y habían padecido la variedad "vacuna"

---

186 López-Goñi, I.; *et al. ¿Funcionan las vacunas?* Pamplona: Next Door Publishers, 2017.

187 LV. *Alerta de la OMS: «dramático» resurgir del sarampión en Europa a causa de los «antivacunas»* https://www.lavanguardia.com/vida/20190829/4735967196/sarmpion-europa-oms-antivacunas.html

188 Salleras, L. (2018). «Movimientos antivacunas: una llamada a la acción». *Vacunas*, vol. 19, núm. 1, https://doi.org/10.1016/j.vacun.2018.03.001

de la viruela, no contraían después la enfermedad, incluso estando en contacto con enfermos de esta». Así, llegó a la conclusión de que la enfermedad de las vacas protegía contra la viruela. De aquí también el nombre, vacunación. No sería hasta la investigación de Pasteur a finales del siglo XIX que se entendería científicamente los motivos, estudiando cómo al inactivar un virus podía generarse respuesta inmunitaria sin la virulencia de la enfermedad.

En efecto, un movimiento contrario a las vacunas ha existido desde los inicios. Como describe Watson en un un artículo en la sección BBC Mundo donde traza los orígenes de los movimientos antivacunas[189], hace ya 150 años en Leicester, Reino Unido, «decenas de miles de personas salieron a las calles en oposición a las vacunas obligatorias contra la viruela. Hubo arrestos, multas y algunas personas incluso fueron enviadas a la cárcel, con pancartas como "Revocar las leyes de vacunación, la maldición de nuestra nación" y aseguraban que era "Mejor celda de prisión que bebé envenenado"». Sin duda, la utilización de extracciones de las vacas daba lugar a debates sanitarios y científicos, pero también morales, religiosos y políticos. La vacunación obligatoria ante los derechos individuales de las personas. Un debate que no ha cesado y que como se vio en Italia ante la subida de los casos en sarampión es posible que vaya a más, cuando la seducción y el convencimiento dejan fuera una parte de la sociedad, ¿qué herramientas coercitivas tiene un estado para proteger el bien común?

Sin duda, uno de los argumentos que creo que más han hecho para que en sociedades desarrolladas y formadas ha sido la relación de la vacuna MMR (SPR en español, por sarampión, paperas y rubéola) con al autismo. Veamos cómo fue la historia, porque dice también, cabe reconocer, poco de la capacidad de la propia ciencia para reconocer sus manzanas podridas y sacarlas del costo del conocimiento científico.

---

189   Watson, G. *La curiosa historia de cómo el movimiento antivacunas nació hace 150 años en Inglaterra* https://www.bbc.com/mundo/noticias-50952151 [Consulta: 10 Junio de 2020]

El 28 de febrero de 1998 se publica en *The Lancet*, una de las principales revistas científicas en Medicina, uno de los artículos que más debate ha traído en el seno de la comunidad académica y fuera de ella. Los autores, encabezados por el británico Andrew Wakefield[190], sostenían un vínculo entre la vacuna MMR y el autismo. El último párrafo del artículo es claro: «Hemos identificado una enterocolitis crónica en niños que puede estar relacionada con la disfunción neuropsiquiátrica. En la mayoría de los casos, el inicio de los síntomas fue después de la inmunización contra el sarampión, las paperas y la rubéola. Se necesitan más investigaciones para examinar este síndrome y su posible relación con esta vacuna». Establecía claramente el vínculo a la vez que consideraba que eran necesarias más investigaciones.

Así, solo con esta sugerencia y el revuelo, las cifras de vacunación fueron bajando, y ha llegado a ser el principal argumento ante las dudas legítimas de unos padres cualesquiera en búsqueda de certezas. También el científico Paul Shattock se sumó a la convicción de la existencia de dicho vínculo, sugiriendo que podría explicar 1 de cada 10 casos de autismo[191]. Ante las dudas mayoritarias expresadas por diversos colectivos y científicos el caso de estudio se fue investigando. El número de casos estudiados eran únicamente 12, curiosamente menos que el número de firmantes del artículo, 13. Muy poco tiempo después ya empezaron a publicarse estudios que dudaban de la correlación y afirmaban que no existía un efecto conjunto, sino que eran cosas que podían pasar en la misma edad temprana sin que una llevara a la otra[192].

---

190   Wakefield, A.: *et al*. «RETRACTED: Ileal-lymphoid-nodular hyperplasia, non-specific colitis, and pervasive developmental disorder in children» *The Lancet*, vol. 351, núm. 9103, pp. 637-641 . https://www.thelancet.com/journals/lancet/article/PIIS0140-6736(97)11096-0/fulltext

191   Meikle, J. MMR «may cause 1 in 10 cases of autism» https://www.theguardian.com/society/2002/jun/28/research.medicalscience1 [Consulta: 10 Junio de 2020]

192   Taylor, B.; *et al*. (1999). «Autism and Measles, Mumps, and Rubella Vaccine: No Epidemiological Evidence for a Causal Association», *Lancet*, vol. 353, núm. 9169, pp. 2026-9. doi: 10.1016/s0140-6736(99)01239-8.

El escándalo fue creciendo a medida que se iba investigando en la vida de Wakefield. En primer lugar, en 2004 se descubrió que antes de la publicación de su artículo en *The Lancet*, había pedido la patente para una vacuna contra el sarampión alternativa a la MMR, algo que mostraba como mínimo la existencia de un conflicto de intereses[193].

Pero, además, también se demostró que Wakefield había sido financiado por abogados de padres que tenían puestas demandas contra compañías productoras de vacunas[194]. Además, en muchas de dichas pruebas hechas a los niños, no se habían seguido los protocolos éticos, algunas de ellas con procedimientos médicos invasivos e innecesarios, tal como reveló Brian Deer, un periodista que fue estirando del hilo de todos los errores de la investigación, y que hizo de ello un documental que puede encontrarse en Internet[195].

Por si fuera poco, más tarde también se supo a través de una declaración oficial en *The Lancet* que, contrariamente a la declaración en el artículo de que los niños fueron «remitidos consecutivamente al departamento de gastroenterología pediátrica» en el Royal Free Hospital and School of Medicine, la verdad es que los niños fueron invitados a participar en el estudio por el Dr. Andrew Wakefield y el Profesor John Walker. Smith, sesgando así la selección de niños a favor de familias que informaba una asociación entre la enfermedad de sus hijos y la vacuna MMR[196]. En 2004, la mayor parte de coautores retiraron su firma del artículo.

---

193 Idoeta, P.A. *La historia de cómo nació el mito del vínculo entre las vacunas y el autismo* https://www.bbc.com/mundo/noticias-40776371 [Consulta: 10 Junio de 2020]

194 Sathyanarayana, T.S.; *et al.* (2011). «The MMR vaccine and autism: Sensation, refutation, retraction, and fraud», *Indian J Psychiatry*, vol. 53, núm. 2, pp. 95–96. doi: 10.4103/0019-5545.82529

195 Deer, B. «MMR: What they didn't tell you.» https://www.youtube.com/watch?time_continue=426&v=7UbL8opM6TM [Consulta: 10 Junio de 2020]

196 Horton, R. (2014) «Statement by the editors of The Lancet» *The Lancet*, vol. 363, núm. 9411, pp. P820-821 https://doi.org/10.1016/S0140-6736(04)15699-7

El escándalo fue generando un gran revuelo hasta que, en 2010, doce años más tarde, el Consejo General de Medicina de Reino Unido estimó que Wakefield «no era apto para el ejercicio de la profesión», calificando su comportamiento como «irresponsable», «antiético» y «engañoso». Entonces y solo entonces, la revista *The Lancet* retiró el artículo, aunque puede aún ser encontrado con la marca de agua «Retracted» en todo el contenido. Mucho se ha criticado a la revista por tardar tanto en retirar el artículo a la luz de tanta información publicada desmintiendo la correlación. Aún hoy siguen publicándose excelentes artículos, como el publicado por Hviid *et al*, que estudiaron los 657 461 niños y niñas nacidos en Dinamarca entre 1999 y 2013 para concluir que no existe correlación alguna entre la aparición de autismo y las vacunaciones de la MMR[197].

Retirada la licencia, Wakefield se fue hacia los Estados Unidos donde es considerado por algunos colectivos antivacunas como un ídolo y un mártir. Sí, lo han adivinado, tal como describe Boseley en 2018[198], el ya exmédico se encuentra como pez en el agua en la América de Trump, con quién se reunió en una reunión de donantes a su campaña electoral en 2016[199]. Fue polémica también la retirada del documental *Vaxxed* donde Wakefield era director y coguionista del festival de cine de Tribeca[200]. En el documental sigue defendiendo los mismos postulados de relación entre la MMR y el autismo.

---

197   Hviid, A.; *et al*. (2019). «Measles, Mumps, Rubella Vaccination and Autism. A Nationwide Cohort Study» *Annals of Internal Medicine* https://doi.org/10.7326/M18-2101

198   Boseley, S. *How disgraced anti-vaxxer Andrew Wakefield was embraced by Trump's America* https://www.theguardian.com/society/2018/jul/18/how-disgraced-anti-vaxxer-andrew-wakefield-was-embraced-by-trumps-america [Consulta: 10 Junio de 2020]

199   Kopplin, Z. *Trump met with prominent anti-vaccine activists during campaign* https://www.sciencemag.org/news/2016/11/trump-met-prominent-anti-vaccine-activists-during-campaign [Consulta: 10 Junio de 2020]

200   BBC Mundo. *«Vaxxed»: el polémico documental que Robert De Niro decidió vetar de su festival* https://www.bbc.com/mundo/noticias/2016/03/160327_salud_documental_deniro_vacunas_autismo_cine_ac [Consulta: 10 Junio de 2020]

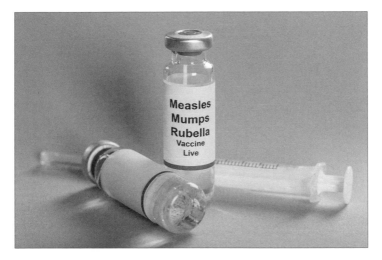

La vacuna MMR (SPR, en español) contra sarampión, paperas y rubeola ha sido la gran base del movimiento antivacunas, como en el caso de la supuesta relación con el autismo.

Existen diversas asociaciones que se muestran críticas con los procesos de vacunación, ya sea a nivel estatal, como la Liga para la libertad de vacunación, hasta el European Forum for Vaccine Vigilance. Según mi punto de vista, dichas organizaciones deberían dejar claro que creen en un sistema de vacunación y su estrategia, aunque presionen para que sean más eficientes, se informe más y mejor a los ciudadanos sobre los riesgos, y que se deberían ponderar las reacciones adversas y los aditivos de las vacunas en el contexto de los efectos positivos para todos aquellos que no generen una reacción adversa grave ante la vacuna. Como siempre he pensado, tampoco es lícito hablar de error experimental cuando bajo una estadística se encuentra una vida truncada, pero tampoco promover una idea de que estamos ante una posibilidad casi de cara o cruz, que sería el 50 %. Evidentemente el uso de las redes sociales es una de las principales herramientas para las comunidades antivacunas[201]. Incluso Facebook lleva un tiempo planteándose la necesidad de apoyar a los profesionales médicos

---

201 Van Schalkwyk, F.; *et al.* (2020). «Communities of shared interests and cognitive bridges: the case of the anti-vaccination movement on Twitter». *Scientometrics*, https://doi.org/10.1007/s11192-020-03551-0

que piden a las redes sociales que actúen como freno a los contenidos antivacunas, muchos de ellos falsos[202]. El riesgo, como ha ocurrido en Italia, sería convertir una ideología antivacunas como un elemento más de una crítica al sistema, como algo alternativo, como si fuera parte del discurso en contra del sistema capitalista[203]. Las vacunas no son la expresión de la perversión del sistema capitalista, sino del progreso científico que ha salvado y salvará muchas vidas. Gracias a la ciencia, se siguen investigando y desmintiendo las creencias populares que acompañan a la crítica a las vacunas. Así, Glanz *et al* encontraron que no había un efecto positivo ni negativo entre el uso de las vacunas hasta los dos años y el número de infecciones en los dos años siguientes[204].

Finalmente, cabe destacar que precisamente uno de los aspectos que también preocupan de forma colateral a la crisis del coronavirus es el hecho de que las campañas de vacunación se han parado en muchos casos, o que muchos padres no han seguido vacunando a sus hijos para evitar trasladarse a los centros de atención primaria por miedo a infectarse. Tal como recogen Villareal o Gulland, podría darse el caso de que podrían reaparecer el sarampión o la tosferina, y que incluso podría coincidir con una segunda ola de COVID-19 en otoño. Como vemos, la salud es siempre el equilibrio entre vasos comunicantes. Por tanto, aunque parezca que solo existe una enfermedad debemos seguir pensando en las otras, y sobre todo pensar en las vacunas, uno de los grandes avances de la ciencia. La prevención puede parecer más silenciosa, pero

---

202   BBC News Mundo. *El plan de Facebook para limitar la acción de los controvertidos grupos antivacunas* https://www.bbc.com/mundo/noticias-47496656 [Consulta: 10 Junio de 2020]

203   Parra, S. *El peligroso movimiento antivacunas de Italia y la supuesta libertad de elección* https://www.xatakaciencia.com/medicina/italia-vacunas [Consulta: 10 Junio de 2020]

204   Glanz, J.M.; *et al.* (2018) «Association Between Estimated Cumulative Vaccine Antigen Exposure Through the First 23 Months of Life and Non–Vaccine-Targeted Infections From 24 Through 47 Months of Age». *JAMA*, vol. 319, núm. 9, pp. 906–913. doi:10.1001/jama.2018.0708

no hay nada más efectivo. Sí, a veces parece más fácil vacunarse contra una enfermedad que contra los bulos que corren por las redes. Hagamos que tenga sentido.

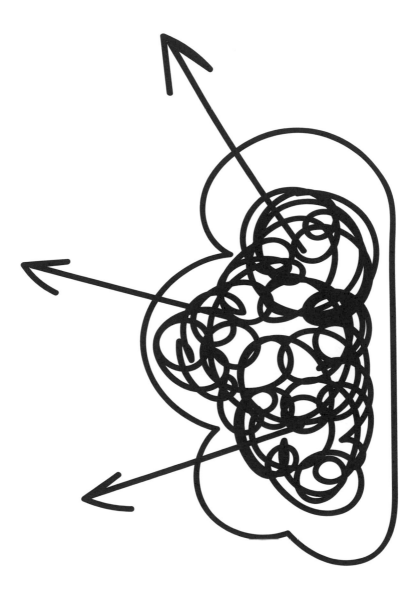

11

CLONACIÓN HUMANA, CONTRA NATURA O CONTRA LA VERDAD

En este capítulo trataremos algunas de las ocasiones en las cuales se ha afirmado que se había conseguido clonar a un ser humano, pero también, evidentemente, nos llevará a los debates cíclicos sobre los riesgos de la clonación y los aspectos éticos, morales y legales que conllevan. Sí, la clonación humana será posible siempre y cuando el marco legal lo permita. Para completar el relato, hablaremos de una secta como los raelianos, la película *Los niños del Brasil*, y cómo no, de la oveja Dolly, la cual, disecada, todavía pueden ver si visitan el Scottish National Museum, en Edimburgo. Es también una muestra de cómo los personalismos y la competencia, y no la colaboración, pueden llegar a pervertir la ciencia, sus métodos y su difusión. Como en otros sectores, la lucha por ser el primero, la atracción por el poder de captación de la prensa, las prisas y el marketing, llevan al lado oscuro de la ciencia, y aparecen los bulos, las mentiras. Afortunadamente, como en otros ámbitos, la ciencia tiene los mecanismos que, aunque mejorables, permiten atrapar a los bulos de patitas cortas.

A nivel de conceptos, hay que recordar que estamos hablando de clonación artificial, la única posible en el caso de los mamíferos. Además, normalmente se diferencian tres tipos de clonación: la génica, la terapéutica y la reproductiva. Tal como señala el Natural Human Genome Research Institute, «la clonación génica produce copias de genes o segmentos de ADN. La clonación reproductiva produce copias de animales enteros. La clonación terapéutica produce células madre embrionarias para experimentos dirigidos a crear tejidos para reemplazar tejidos lesionados o afectados».[205] A nivel técnico, la reproductiva y la terapéutica comparten muchas de las técnicas, y es por ello por lo que el avance y progreso en la terapéutica ha despertado siempre dudas respecto a la reproductiva. Es decir, cada nuevo avance en la terapéutica tiene la espada de Damocles que nos acerca más a que la reproductiva pueda ser una realidad.

Ciertamente, la visión sobre la clonación tuvo un vuelco espectacular el 22 de febrero de 1997 cuando el equipo liderado por Ian Wilmut anunció al mundo la existencia de la oveja más famosa del mundo. De hecho, había nacido el 5 de julio de 1996 y tuvo tres madres, «una para proporcionar el ADN, otra para proporcionar el óvulo en el que se inyectó el ADN y una tercera para llevar el embrión clonado resultante a término»[206], aunque solo una de ellas es la genética. Dolly murió el 14 de febrero de 2003, por una enfermedad no relacionada directamente con la clonación. Uno de los últimos grandes retos parecía posible: clonar un mamífero, algo que ni la naturaleza hacía.

Por supuesto, el nacimiento y la comunicación pública de Dolly y de otros animales que fueron anunciándose dejaban un camino

---

205 National Institutes of Health. *Clonación* https://www.genome.gov/es/about-genomics/fact-sheets/Clonaci%C3%B3n [Consulta: 20 Junio 2020]

206 Williams, N. (2003) «Death of Dolly marks cloning milestone», *Current Biology*, vol. 13, núm. 6, PR209-R210 https://doi.org/10.1016/S0960-9822(03)00148-9

posible, inexplorado, hacia la clonación humana. ¿Era posible pero no deseable? ¿Dios no jugaba a los dados, pero la humanidad sí? Sin duda, abrió un debate que no se ciñó únicamente al ámbito genético o médico, sino que tuvo repercusiones a nivel legal y ético. Langlois recoge a través del ejemplo de la gobernanza de la UNESCO todos los grandes pronunciamientos alrededor de la clonación humana, y toda la diplomacia y política internacional que se llevó a cabo para consensuar los límites de lo que implicaba poder clonar mamíferos[207]. Así, por ejemplo, las resoluciones de la *World Health Organization* de 1997 y 1998 en relación con la clonación humana, y un largo proceso de debate hasta llegar a la Declaración de las Naciones Unidas sobre la clonación humana en 2005, que no era vinculante ni tuvo un consenso mayoritario (84 votos a favor, 34 en contra y 37 abstenciones).

CLONING

El progreso científico en la ingeniería genética ha llevado al mundo médico a los límites de la clonación humana. Solo un marco legal y ético potente puede evitar que se crucen.

---

207 Langlois, A. (2017). «The global governance of human cloning: the case of UNESCO». *Palgrave Commun* vol. 3, 17019 https://doi.org/10.1057/palcomms.2017.19

La clonación para los científicos es sin duda un reto de primer nivel. Repasemos los casos más sonados en los cuales se anunció que se iba a intentar o que incluso se había conseguido clonar a un ser humano y se demostró que no era cierto. Como veremos, en algún caso saltó a la literatura científica en forma de artículo. Sí, no es lo mismo un comunicado de prensa, un anuncio en una conferencia, que un artículo científico.

Uno de los primeros científicos en anunciar la intención de clonar un ser humano fue Richard Seed[208], en cuyo caso pasó de anunciar que pensaba en una pareja con problemas de fertilidad a considerar «clonarse a sí mismo, de la misma forma que Dios hizo». Ambición y modestia no le faltaron, pero sí el presupuesto para llevarlo a cabo.

En segundo lugar, quisiera destacar a la que podemos llamar una extraña pareja por su forma de hacer ciencia, a golpe de noticias y retos científicos. Nos referimos al italiano Severino Antinori y al estadounidense de origen chipriota Panayiotis Zavos, que en 2001 anunciaron su intención de crear una clínica de clonación humana pensada para familias con problemas reproductivos. En su caso aprovechaban que existía en aquel momento la prohibición de llevarlo a cabo desde la financiación pública federal, pero no desde la privada[209]. No eran nuevos en dicho campo, puesto que en 1994 habían ayudado a una mujer de 63 años a llevar a término un embarazo y tener un bebé.

Posteriormente, rompieron su relación profesional, pero cada uno por su parte fueron trabajando y anunciado que habían llevado a cabo distintos intentos. En el caso de Antinori en 2002 anunció en una reunión científica en los Emiratos Árabes Unidos que una de sus pacientes estaba embarazada de ocho semanas, y se

---

208 Johnson, D. *Eccentric's Hubris Set Off Global Frenzy Over Cloning* https://www. nytimes.com/1998/01/24/us/eccentric-s-hubris-set-off-global-frenzy-over-cloning.html [Consulta: 10 Junio de 2020]

209 Josefson, D. (2001). «Scientists plan human cloning clinic in the United States». *BMJ*. vol. 322, núm. 7282, p. 315.

trataba de un clon, hijo de un árabe rico[210]. Su anuncio chocó con la incredulidad y el rechazo de los especialistas en infertilidad en todo el mundo además de la consabida preocupación por las deformaciones probables encontradas en el caso de la clonación de animales[211]. Ninguna prueba más fue aportada.

Dentro de su carrera por destacar, Zavos en 2003 anunció que finalmente había conseguido, utilizando la misma técnica usada con Dolly, el primer embrión humano con propósitos reproductivos.[212] En 2006 volvió a ocupar noticias sobre sus experimentos[213], Allí quedó el asunto hasta que en 2009 volvió a la carga afirmando «haber clonado 14 embriones humanos hasta el momento e implantado 11 de ellos en el útero de cuatro mujeres, aunque ninguno ha sobrevivido», en un documental emitido por Discovery Channel. Como es evidente, se muestra al científico llevando a cabo sus procedimientos de clonación en un lugar sin anunciar, al ser ilegal en el Reino Unido y en muchas otras partes del mundo[214]. De nuevo, el anuncio conllevó la repulsa de la comunidad científica. En lo que respecta a Antinori, en 2016 fue detenido por robar seis óvulos a una enfermera española que había empezado a hacer prácticas

210 Johnston, B.; *et al. First cloned baby is the son of rich Arab, says doctor* https://www.telegraph.co.uk/news/worldnews/middleeast/saudiarabia/1390078/First-cloned-baby-is-the-son-of-rich-Arab-says-doctor.html [Consulta: 10 Junio de 2020]

211 Abbott, A. (2002). «Disbelief greets claim for creation of first human clone», *Nature*, vol. 416, p. 570 https://www.nature.com/articles/416570a

212 Carrington, D. (2003). *Baby doctor reveals cloned human embryo* https://www.newscientist.com/article/dn3610-baby-doctor-reveals-cloned-human-embryo/ [Consulta: 10 Junio de 2020]

213 Adam, D. *Maverick medic reveals details of baby cloning experiment* https://www.theguardian.com/science/2006/jul/20/genetics.controversiesinscience [Consulta: 10 Junio de 2020]

214 Boseley, S. *Human cloning claims condemned by leading scientists* https://www.theguardian.com/society/2009/apr/22/human-cloning-panayiotis-zavos [Consulta: 10 Junio de 2020]

en su clínica. Como cuenta Ordaz[215], la chica accedió a hacerse una terapia hormonal para curarse un quiste ovárico. Sin embargo, el doctor inmovilizó a la joven, la anestesió y extrajo los óvulos. En 2018 fue condenado a 7 años de prisión.

El siguiente episodio de reivindicación de la clonación de un ser humano tuvo lugar por parte de la clínica Clonaid, vinculada a la secta de los raelianos. Sin duda, uno de los anuncios más surrealistas. Esta secta, fundada por Rael (en realidad Claude Maurice Marcel Vorilhon), defiende que la vida en la tierra fue creada por una raza extraterrestre, por supuesto más inteligente y avanzada que la humana, los Elohim, vía la ingeniería genética. Según los raelianos, para sortear el pequeño problema de no creer en el alma, la clonación humana puede ser una solución en la búsqueda de la inmortalidad. Siguiendo esta idea, el 27 de diciembre de 2002 (sí, el 27, no el 28, aunque lo parezca), la CEO de la empresa Clonaid y obispa de los raelianos Brigitte Boisselier dio una rueda de prensa anunciando que el 26 de diciembre había nacido, por cesárea (por aquello de los detalles), Eve, el primer clon humano[216]. Añadió en aquel momento que al cabo de unos días se daría más información y pruebas de ello. En un giro inesperado el 2 de enero Rael manifestó que no darían datos del nacimiento porque se estaban abriendo investigaciones que podían llevar a quitar la custodia del bebé a los padres y por ello preferían no dar más datos. Nunca más se supo del fraude que tuvo mucha repercusión mediática y también académica[217].

---

215 Ordaz, P. *Detenido un ginecólogo italiano por robar seis óvulos a una española* https://elpais.com/internacional/2016/05/14/actualidad/1463240540_733820. html [Consulta: 10 Junio de 2020]

216 MH. *The day a cult that believes in space aliens announced a cloned human baby in Florida* https://www.miamiherald.com/news/local/article223736790.html [Consulta: 10 Junio de 2020]

217 Ingram-Waters, M.C. (2009); «Public fiction as knowledge production: the case of the Raëlians' cloning claims», *Public Understand. Sci.*, vol. 18, núm. 3, pp. 292-308

Clonar humanos abre un mundo de posibilidades científicas así como nuestra imaginación a la ciencia ficción.

Más allá de los casos que hayan despertado interés, el que trajo más repercusión en el mundo científico tuvo como protagonista a Woo Suk Hwang, que publicó junto a su equipo dos artículos en la revista *Science*, uno en 2004[218] y uno en 2005[219], en los cuales mostraba que habían mejorado los problemas de eficiencia en la obtención de once diferentes líneas de células madre específicas, que podían traer la mejora de la clonación terapéutica y su posible viabilidad. Se trataba y se trata de uno de los expertos en la materia y, a diferencia de la investigación de Wakefield vista en el caso de las vacunas, parecía plausible. Aun así, en 2005, una investigación interna de la Seoul National University apuntó que los datos experimentales publicados en el artículo de *Science* de 2005 se basaron en una manipulación deliberada y se fabricaron los resultados de investigación. Los autores pidieron retirar el artículo.

218 Hwang, W.S.; *et al.* (2004). RETRACTED «Evidence of a Pluripotent Human Embryonic Stem Cell Line Derived from a Cloned Blastocyst», *Science*, vol. 303, núm. 5664, pp.1669-1674. DOI: 10.1126/science.1094515

219 Hwang, W.S.; *et al.* (2005) RETRACTED «Patient-Specific Embryonic Stem Cells Derived from Human SCNT Blastocysts», *Science*, vol. 308, pp. 1777-1783DOI: 10.1126/science.1112286

También el artículo del 2004 se puso en duda. Evidentement[...] caso tuvo repercusiones para Corea del Sur, que basa su id[...] patriotismo con relación al avance científico[220] y donde Hv[...] considerado una celebridad[221]. Finalmente, *Science* reti[...] artículos y publicó un informe explicando los aspectos y su p[...] en un buen ejercicio de transparencia[222].

La existencia de tantos engaños no debe hacernos olvidar que poco a poco la eficiencia en el proceso de obtención de células madre ha ido mejorando. Por ejemplo, hay que destacar el trabajo de Shoukhrat Mitalipov que mejoró en 2013 la obtención de embriones humanos a partir de óvulos donados con la idea de que los óvulos puedan contener el ADN de enfermos y así crear células madre que puedan reparar los tejidos dañados de los enfermos. En una entrevista para la web de noticias de ciencia *Materia*, la embrióloga Nuria Martí, que había participado en la investigación[223] declaró que fue curiosamente el uso de cafeína el que ayudó a que el óvulo no se activara antes de tiempo en el proceso de manipulación del óvulo para transferir el ADN del donante[224].

220 Gottweis, H.; *et al.* (2006). «South Korean policy failure and the Hwang debacle», *Nature Biotechnology*, vol. 24, pp. 141-14. https://doi.org/10.1038/nbt0206-141

221 Kim, T. (2008). «How Could a Scientist Become a National Celebrity?: Nationalism and Hwang Woo-Suk Scandal», *East Asian Science, Technology and Society*, vol. 2, núm. 1, pp. 27-45. https://doi.org/10.1215/s12280-008-9029-6

222 Kennedy, D. (2006) «Responding to Fraud», *Science*, vol. 314, núm. 5804, pp. 1353
DOI: 10.1126/science.1137840

223 Tachibana, M.; *et al.* (2013). «Human Embryonic Stem Cells Derived by Somatic Cell Nuclear Transfer», *Cell*, vol. 153, núm. 6, pp. 1228-1238 https://doi.org/10.1016/j.cell.2013.05.006

224 Domínguez, N. *La clonación humana, cuestión de cafeína* http://esmateria.com/2013/05/17/la-clonacion-humana-cuestion-de-cafeina/ [Consulta: 10 Junio de 2020]

Por último, en 2018 se dio a conocer, en un artículo en la revista *Cell*[225], que unos científicos chinos habían conseguido por primera vez el nacimiento de dos macacos, Zhong Zhong y Hua Hua, los primeros primates nacidos usando el método desarrollado para el nacimiento de la oveja Dolly. Evidentemente, su proximidad con los humanos ha vuelto a reabrir el debate sobre los límites[226]. Aun así, el proceso sigue siendo poco eficiente, se necesitaron 70 embriones y 21 madres para que nacieran estos dos macacos.

No quisiera cerrar el capítulo sin aludir a los referentes de atracción que la clonación humana ha tenido siempre en el ámbito audiovisual como una posibilidad que permitía a los hombres jugar a ser dioses. Por supuesto, el principal referente, como aludíamos en la introducción del capítulo, es la película *Los niños del Brasil* (1978), donde se lleva la investigación cruel y deshumanizada del nazismo a la posibilidad de que finalmente Joseph Mengele pudiera haber clonado a Hitler y reproduciendo los mismos avatares de su vida para que pudiera crearse de nuevo. En un mundo que intenta evitar que aquello vuelva a ocurrir, parece un futuro aterrador. Pero también me ha parecido siempre aterradora la adaptación de 1978 de *La invasión de los ultracuerpos* (la original era de 1956), con una escena final a cargo de Donald Sutherland que aquellos que han visto nunca parecen olvidar. Noragueda ha hecho una buena compilación de películas sobre clonación[227], donde recuerda también a *La Isla* (2005), protagonizada por Ewan McGregor y Scarlett Johanson, que dan una vuelta de tuerca y una interesante

---

225 Liu, Z.; *et al.* (2018). «Cloning of Macaque Monkeys by Somatic Cell Nuclear Transfer», *Cell*, vol. 172, núm.4, pp. 2-4 https://doi.org/10.1016/j.cell.2018.01.020

226 Normile, D. «These monkey twins are the first primate clones made by the method that developed Dolly» https://www.sciencemag.org/news/2018/01/these-monkey-twins-are-first-primate-clones-made-method-developed-dolly [Consulta: 20 Junio 2020]

227 Noragueda, C. *Las películas sobre clonación más recordadas de la historia* https://hipertextual.com/2016/07/peliculas-clonacion-mas-recordadas [Consulta: 20 Junio 2020]

visión de las implicaciones de la clonación terapéutica. Cuando hablamos del ser humano la historia se explica de distinta manera a la visión blanca y para todos los públicos de *Jurassic Park* (1996).

Finalmente, como apuntaba recientemente Greely[228], las condiciones científicas, aun con sus dificultades y la baja eficiencia, parecen estar preparadas, aunque no parece técnicamente sostenible poder ir más allá, y menos en un mundo con leyes fuertes en los países tecnológicamente capaces. Este mismo año supimos de la condena de tres años al científico chino por haber traído al mundo dos gemelas modificadas genéticamente, Lulu y Nana[229], en un esfuerzo claro de mostrar que los estados tienen siempre la última palabra ante los avances científicos.

228　Greely, H.T. *Human reproductive cloning: The curious incident of the dog in the night-time* https://www.statnews.com/2020/02/21/human-reproductive-cloning-curious-incident-of-the-dog-in-the-night-time/ [Consulta: 20 Junio 2020]

229　Regalado, A. *Todos los detalles sobre la condena a He Jiankui por editar bebés humanos* https://www.technologyreview.es/s/11763/todos-los-detalles-sobre-la-condena-he-jiankui-por-editar-bebes-humanos [Consulta: 20 Junio 2020]

12

EL SIDA NO EXISTE, EL NEGACIONISMO QUE GENERA MUERTES

Durante años, el SIDA como enfermedad transmitida por el virus VIH, fue sinónimo de muerte, de estigma y también de impotencia, por lo poco que se podía hacer para luchar contra aquel virus que bajaba las defensas de los enfermos, que morían por neumonía o por sarcomas de Kaposi, en medio de manchas por el cuerpo. Fueron años de muerte de mitos como Freddy Mercury y Rock Hudson en medio del desconocimiento, el miedo y la incomprensión hasta lograr comprender que el virus no entendía de orientación sexual, hasta que poco a poco la situación se fue humanizando gracias a películas como Philadelphia y gestos como el de Lady Di en 1987 dando la mano a un enfermo de SIDA[230]. También

---

230 Taulés, S. *El pequeño gran gesto de Lady Di que cambió la lucha contra el sida*
     https://www.vanitatis.elconfidencial.com/casas-reales/2019-12-01/lady-di-foto-
     gesto-lucha-sida_2356067/ [Consulta: 20 Junio 2020]

que heterosexuales como Magic Johnson anunciaran que eran seropositivos ayudó a entender mejor los riesgos de la enfermedad. Por cierto, Magic Johnson escribió una carta en el Mundo Deportivo antes de los Juegos del 92 en Barcelona afirmando que había estado en la sala de sexo en vivo Bagdad, pero que había dormido solo, también para atajar el rumor que decía que había contraído la enfermedad en la capital catalana[231]. A diferencia de otros bulos, en este caso veremos cómo algunos cálculos sitúan en 330 000 las personas que se podrían haber salvado si el negacionismo no hubiera llegado a la gestión política en Sudáfrica.

En el caso del SIDA debemos tener en cuenta que, aunque ya no lo parezca por el vertiginoso siglo XXI, se trata de una enfermedad relativamente reciente, sobre la cual hubo también un gran número de bulos y rumores, aunque lo que resulta diferente es el contexto en el que tuvo lugar. Así, el 5 junio de 1981, cuando se anunció que existían los primeros casos de unas enfermedades no habituales en pacientes sanos, no existían Internet ni las redes sociales. Por tanto, el foco y la preocupación fue creciendo de forma paulatina. Hasta 1984 no se aisló el virus. Por comparación con el vertiginoso ritmo de creación de conocimiento que se tiene actualmente en el caso del COVID-19, vemos que en aquellos años todo fue mucho más lento. También los bulos se viralizaban menos y se movían con la boca pequeña de boca a oreja.

---

231 https://twitter.com/renaldinhos/status/1080927223400615936

Por otra parte, también como en el caso del coronavirus, el origen de la enfermedad y los focos de transmisión llevaron a hablar de múltiples motivos. Evidentemente, que los primeros casos aparecieran en la comunidad homosexual de Estados Unidos y en el mundo de la droga llevó a hablar de castigos divinos[232]. Durante un tiempo se le llamó AID, por *Acquired Immunodeficiency Disease*, o directamente GRID, por *Gay-Related ImmunoDeficiency*. Como vemos, los estigmas en los nombres de las cosas podrían hacer pensar que era una enfermedad de pocos. Más tarde se descubrió que el motivo de la transmisión más rápida era no usar protección en las relaciones sexuales, cuando se consideraban entonces que eran únicamente un método anticonceptivo y se pensaba menos en evitar las enfermedades de transmisión sexual.

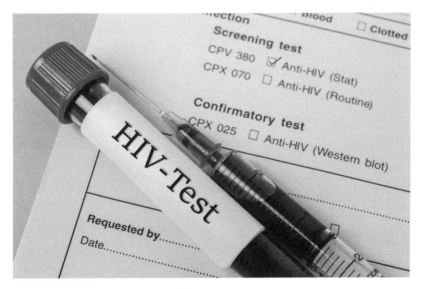

El descubrimiento del virus del SIDA generó un gran número de bulos.

232   Altman, L.K. *New Homosexual Disorder Worries Health Officials* https://www. nytimes.com/1982/05/11/science/new-homosexual-disorder-worries-health-officials.html [Consulta: 20 Junio 2020]

De hecho, puede considerarse que aquello impidió que la enfermedad fuese considerada como potencialmente peligrosa para todo el mundo, cosa que hizo que su transmisión entre la comunidad heterosexual fuera aumentando. De forma parecida a la actualidad, también se dijo que se trataba de un experimento de la CIA que había funcionado mal y había saltado a la sociedad. Snopes, un verificador de Estados Unidos del que ya hemos hablado en este libro, ha ido desmintiendo todos estos bulos[233]. De hecho, se ha publicado en la revista académica de la CIA *Studies in Intelligence* un estudio que demostraría según su punto de vista el papel soviético en una campaña de desinformación por la cual sería un experimento fallido en la búsqueda de armas biológicas por parte de los Estados Unidos. Similar patrón que en el caso del COVID-19, pero con distintos países involucrados[234].

Con el tiempo se publicó el artículo que demostraba que el grupo M del VIH-1, la forma predominante del retrovirus, saltó de los primates al humano en los años 20 cerca de Kinshasa y cómo a partir de allí, debido a las nuevas formas de transporte y a la prostitución como vector de transmisión, pudo ir moviéndose a partir de los años 60[235].

Otra creencia que se tuvo en aquel momento y que mostraría también el estigma asociado a la enfermedad fue muy bien descrito por Ángela Bernardo en Hipertextual[236] a partir de la publicación en 2016 de un artículo en la revista *Nature*[237] en el cual

233 Mikkelson, D. *AIDS Created by the CIA? Was AIDS created by the CIA?* https://www.snopes.com/fact-check/the-origin-of-aids/ [Consulta: 20 Junio 2020]

234 Boghardt, T. (2009) «Soviet Bloc Intelligence and Its AIDS Disinformation Campaign», *Studies in Intelligence*, vol. 53, núm. 4. Thomas Boghardt

235 Farial, N.R.; *et al.* (2014). «The early spread and epidemic ignition of HIV-1 in human populations», *Science*, vol. 346, núm. 6205, pp. 56-61 https://science.sciencemag.org/content/346/6205/56

236 Bernardo, A. *El hombre acusado de propagar el VIH por un error tipográfico* https://hipertextual.com/2016/10/vih-paciente-cero [Consulta: 20 Junio 2020]

237 Worobey, M.; *et al.* (2016). «1970s and "Patient 0" HIV-1 genomes illuminate early HIV/AIDS history in North America». *Nature vol.* 539, pp. 98–101 https://doi.org/10.1038/nature19827

trazaba la ruta que siguió el VIH. Así, tras cruzar el Atlántico, llegó a territorios caribeños y desde ahí saltó a los Estados Unidos, primero a Nueva York y después a San Francisco. Durante años se había creído que el paciente 0 y causante de muchas de las infecciones había sido el auxiliar de vuelo canadiense Gäetan Dugas después de la publicación en 1987 del libro de Randy Shilts *And the Band Played On*.

Para entender la gravedad aún hoy del SIDA, miremos las estadísticas de 2019 que ofrece ONUSIDA[238], la entidad supranacional que lidera el esfuerzo mundial por poner fin a la epidemia de sida como amenaza para la salud pública para 2030, como recogen los Objetivos de Desarrollo Sostenible (ODS):

- Cerca de 25,4 millones de personas tenían acceso a la terapia antirretrovírica.
- Unos 38,0 millones de personas viven con el VIH en todo el mundo (al cierre de 2019).
- En 2019, unos 1,7 millones de personas contrajeron la infección por el VIH.
- 690 000 de personas fallecieron en 2019 a causa de enfermedades relacionadas con el SIDA.
- Desde el inicio de la epidemia, unos 75,7 millones de personas habrían sido infectadas por VIH.
- 32,7 millones de personas habrían fallecido a causa de enfermedades relacionadas con el sida desde el comienzo de la epidemia.

En cuanto a los negacionistas, cabe destacar que, por negar, han negado todos los principales aspectos. Según mi punto de vista, aunque exista un cierto debate técnico sobre si el virus ha sido identificado de la forma correcta como todos los virus, vía fotografías o si sigue (que lo sigue) los postulados de Koch (cumplimiento de 3

---

238 UNAIDS. *Global HIV & AIDS statistics — 2020 fact sheet* https://www.unaids. org/en/resources/fact-sheet [Consulta: 20 Junio 2020]

criterios: asociación epidemiológica virus–enfermedad; el patógeno sospechoso puede ser aislado; una vez aislado y expuesto a un cuerpo no infectado, la enfermedad se puede contraer), el vínculo más importante es que niega la correlación entre VIH y el SIDA, de forma que si el VIH no es el responsable del SIDA, entonces los medicamentos que se usan para combatirlo podrían ser incluso contraproducentes.

El grupo más activo en contra de la existencia de la relación VIH y el SIDA estaría en el llamado grupo de Perth[239], que ya desde los inicios de la investigación plantearon sus dudas sobre cómo se estaba identificando al responsable de la enfermedad. En el caso del estado español, una de las personas más activas a la contra de la idea mayoritaria ha sido Lluís Botinas, autor de libros como *Desmontar el SIDA*, y ahora el principal responsable de la Asociación Plural-21[240], heredera de la inicial Asociación COBRA (Centro Oncológico y Biológico de Investigación Aplicada), y que también está cuestionando el enfoque mayoritario en el caso del COVID-19.

Como describe de forma acertada Goertzel[241], se puede ser no ortodoxo y evitar el consenso, pero es necesario plantear una alternativa que sea igualmente plausible y falsable. La ciencia avanza también cuestionando las ideas mayoritarias, pero la disidencia debe seguir las mismas reglas de juego que exige. Como se recoge en el sitio web del Departamento de Salud de los Estados Unidos, existen evidencias suficientes para confirmar la correlación entre el virus y la enfermedad[242]. Por ejemplo, el hecho

239 The Perth Group *The HIV-AIDS debate* http://www.theperthgroup.com/whatargued.html [Consulta: 20 Junio 2020]

240 https://plural-21.org/

241 Goertzel, T. (2010). «Conspiracy theories in science». *EMBO Rep*, vol. 11, núm. 7, pp. 493–499. https://dx.doi.org/10.1038%2Fembor.2010.84

242 AIDS Info. *The Evidence That HIV Causes AIDS* https://aidsinfo.nih.gov/news/528/the-evidence-that-hiv-causes-aids [Consulta: 20 Junio 2020]

de que VIH y SIDA están inevitablemente vinculados por espacio, tiempo y grupo de población. Por ejemplo, que solo un factor, el VIH, anticipa el si una persona puede desarrollar el SIDA. También, que el VIH puede ser detectado en virtualmente todos los infectados por SIDA. Y finalmente, que solo el uso intensivo de medicamentos que inhiben la replicación del VIH explica el freno al desarrollo del SIDA.

Por otra parte, creo también relevante comprobar cómo la ciencia no ha aislado al movimiento negacionista, sino que se ha visto incentivada la investigación para proveer de más y mejores argumentos a favor de la existencia y la correlación entre VIH y SIDA. Así, gran cantidad de literatura científica recoge y aporta conocimiento al debate, en abierto, también para aquellos que dudan. Artículos como el de Smith et al.[243], la editorial de Nature Medicine[244] o el contundente del Premio Nobel Montagnier[245] ayudan a abrir la ciencia, a crear consensos y a no dejarlo en grises. También vale la pena destacar movimientos globales y no habituales entre los científicos, a veces con una inercia más hacia la competitividad que hacia la colaboración.

Pero la ciencia no lo puede todo. Tampoco la Declaración de Durban del año 2000[246], en momentos en los cuales los científicos compiten a menudo entre ellos en una visión antigua del progreso científico ante una ciencia más abierta, en la que más de 5000 expertos se posicionaron a favor de que no existía ninguna duda entre la relación entre el VIH y el SIDA. Tuvo su contrarréplica en

243 Smith, T.C.; et al. (2007) « IV Denial in the Internet Era». PLoS Med vol, 4, núm. 8, e256 https://doi.org/10.1371/journal.pmed.0040256

244 Denying science. Nat Med vol. 12, núm. 369 (2006). https://doi.org/10.1038/nm0406-369

245 Montagnier, L. (2010). «25 years after HIV discovery: Prospects for cure and vaccine», Virology vol. 397, núm. 2, pp. 248-254 https://doi.org/10.1016/j.virol.2009.10.045

246 «The Durban Declaration». Nature vol. 406, 15–16 (2000). https://doi.org/10.1038/35017662

una carta publicada en *Nature*[247]. La declaración fue necesaria y contundente, pero no sería suficiente. Como es sabido, durante unos años de gobierno del presidente Thabo Mbeki en Sudáfrica, entre 1999 y 2008, se cuantifican las pérdidas en vidas humanas que el negacionismo podría haber causado al no aceptar que los antirretrovirales pudieran ser útiles. En el estudio hablan de 330 000 posibles muertes que hubieran podido ser evitadas[248]. Por tanto, no hablamos únicamente de unos bulos, de una posición cómoda pero neutral, sino de que la visión contraria al uso de antirretrovirales pudo causar miles de muertes. Se convirtió durante años en un fracaso científico, pero también en un aprendizaje para hacer que la ciencia sepa lidiar con el negacionismo científico[249] .

Evidentemente, el uso de las redes sociales está dando nuevos canales y formas de comunicar sus argumentos a los negacionistas del SIDA, por ejemplo en Rusia, donde en 2019 se planteaba legislar en contra de aquellos que diseminasen contenidos falsos sobre el SIDA y que buscaran menoscabar la confianza en los médicos[250]. Cabe destacar que en este nuevo escenario se han estudiado los mecanismos que cohesionan a dichas comunidades. Así[251], la existencia de ciertos patrones de nuevos usuarios en la relación con

---

247   Stewart, G. (2000) «The Durban Declaration is not accepted by all». *Nature* vol. 407, p. 286 (2000). https://doi.org/10.1038/35030200

248   Chigwedere, P. «Estimating the Lost Benefits of Antiretroviral Drug Use in South Africa»
      JAIDS Journal of Acquired Immune Deficiency Syndromes, vol. 49, núm. 4, pp. 410-415 doi: 10.1097/QAI.0b013e31818a6cd5

249   Diethelm, P.; *et al.* (2009). «Denialism: what is it and how should scientists respond?», *European Journal of Public Health*, vol 19, núm. 1,pp 2-4, https://doi.org/10.1093/eurpub/ckn139

250   Roth, A. *Russia wants to make HIV/Aids denialism illegal to halt epidemic* https://www.theguardian.com/world/2019/may/03/russia-wants-to-make-hivaids-denialism-illegal-to-halt-epidemic [Consulta: 20 Junio 2020]

251   Meylakhs P.; *et al.* (2014), «An AIDS-Denialist Online Community on a Russian Social Networking Service: Patterns of Interactions With Newcomers and Rhetorical Strategies of Persuasion», *J Med Internet Res* vol. 16, núm. 11, e261 DOI: 10.2196/jmir.3338

los grupos daría como resultado que aquellos que ya se acercan convencidos (ya se habían convertido en negacionistas antes de unirse al grupo) o escépticos (aquellos que estaban indecisos sobre la verdad de la teoría científica del virus de la inmunodeficiencia humana (VIH) o la teoría negacionista del SIDA), serían aquellos por los cuales los grupos manifestaron mejor acercamiento de captación.

Tantos años después, aún sorprende cómo la construcción de un conocimiento compartido y un consenso científico genera como reacción grupos disidentes. Sin duda, el sistema científico puede convivir con dichos grupos. El problema aparece cuando encuentran épocas de descrédito generalizado y llegan a tener influencia y poder real sobre los actores y decisores políticos. Lo que se vio en Sudáfrica a principios del siglo XXI debe ser un ejemplo contra el que toda lógica científica debe estar. Y ello obliga y obligará a menudo a mejorar la transferencia de conocimiento a la sociedad, más presencia en medios y redes sociales y combatir allá donde sea posible el bulo. Lamentablemente, mientras esperamos a una vacuna efectiva, sabemos qué ocurre cuando se dejan espacios a los negacionistas.

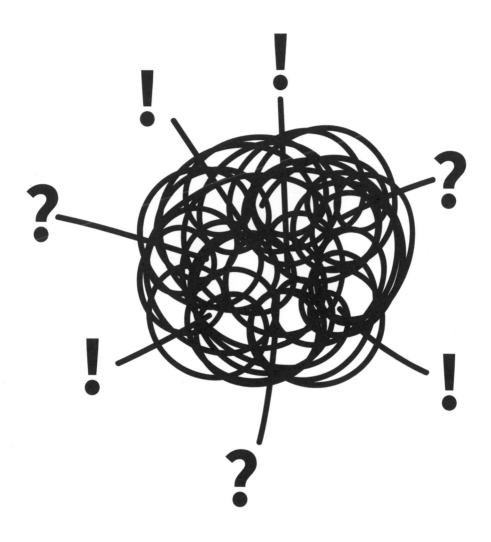

13

HOMEOPATÍA, CASI 225 AÑOS DE DEBATE INACABADO

Desde hace años, en los principales debates sobre la ciencia y sus límites, sobre *fake news* sanitarias y sobre cómo acotar la necesaria alfabetización en salud para el conjunto de la sociedad, la homeopatía aparece siempre como gran ejemplo, y nos hace posicionarnos a menudo a través de las experiencias de nuestro entorno («a mí me fue bien una vez que...», «yo lo tomé y no me funcionó...»). Como parece evidente, aunque cada vez más la medicina adquiere una visión basada en la evidencia, no deberíamos caer en una lógica basada exclusivamente en nuestra experiencia personal. En este capítulo, hablaremos de estadísticas, intereses empresariales, lobbies y grandes estrategias de comunicación. Sí, la gran paradoja según mi punto de vista es que si la homeopatía no tiene una base sólida, no debería estar en las farmacias. Por mucho boca-oreja que se haya podido llevar a cabo, su consideración como una alternativa más de salud no hubiera tomado forma.

¿Por qué aparece la homeopatía en un libro sobre bulos científicos? Tal como lo veo, aunque haya existido un continuo debate académico sobre la validez de la teoría y las pruebas médicas, este debate durante años no se ha traspasado a un nivel social, donde la homeopatía no tenía enemigos claros y donde podía ir tejiendo su comunidad fiel, que la considera en muchos casos como una de sus principales opciones. Ha sido en los últimos años, con la eclosión de las *fake news*, la proliferación de las redes sociales como diseminadores de falsa ciencia que la comunidad médica, y sobre todo las autoridades, han tomado cartas en el asunto. Sí, mientras tanto, como han estudiado por ejemplo Cortiñas-Rovira *et al*, los catálogos de las bibliotecas públicas se han ido llenando de libros relativos a pseudociencias en sus catálogos[252]. Parece oportuno destacar en este momento del libro el papel que las bibliotecas pueden ocupar también para luchar contra las *fake news*, puesto que son desde siempre un lugar donde el ciudadano va a informarse, y ello requiere un debate sobre si deben ser garantes de la preservación de la verdad o del conocimiento libre y abierto para que un ciudadano se informe y tome sus decisiones de manera más informada[253].

El terreno de juego actual respecto a la homeopatía se puede asemejar, desde mi punto de vista, a otra lucha entre David y Goliath, aunque distinta de la del terraplanismo. Tengamos en cuenta que en estos casos mucha gente toma partido por David, el aparentemente más débil en la lucha contra los poderosos y el *statu quo*. Así, puede

---

252 Cortiñas-Rovira, S.; *et al.* (2018). «Análisis de la presencia de pseudociencia en los catálogos de las bibliotecas públicas españolas». *Revista Española de Documentación Científica*, vol. 41, núm. 1: e197. https://doi.org/10.3989/redc.2018.1.1474

253 López-Borrull, Alexandre; *et al.* (2018). «Fake news, ¿amenaza u oportunidad para los profesionales de la información y la documentación?». *El profesional de la información*, vol. 27, núm. 6, pp. 1346-1356. https://doi.org/10.3145/epi.2018.nov.17

parecer que en estos momentos la homeopatía va retrocediendo en sus espacios de promoción y visibilidad académica y científica, pero habrá que ver si ello tiene traslación a su uso social.

Recordemos brevemente que aunque se hayan descrito experimentos parecidos por parte de Hipócrates cerca de 400 a.C., será Samuel Hahnemann en 1796 el que desarrolle la idea de que «lo similar cura lo similar», *similia similibus curentur*, que Lezamiz describe como «toda sustancia que a dosis ponderal es capaz de provocar en un sujeto sano y sensible un cuadro sintomático concreto, puede hacer desaparecer síntomas similares en un sujeto enfermo y sensible, utilizado en pequeñas dosis»[254]. Una idea simple, fácilmente inteligible y comunicativamente potente, que es parte de su éxito. Por supuesto, también será necesario que tenga una base de evidencia científica fuerte, pero este aspecto lo comentaremos más adelante. A la idea de la similitud se le une la de la dilución en serie de la sustancia, de forma que la concentración es cada vez menor, convirtiéndose en uno de los argumentos de los críticos que justifican que la homeopatía tiende a no poder diferenciarse del placebo por la poquísima cantidad de sustancia.

254 Lezamiz, I. (2009). «Comentando la técnica homeopática: Similia similibus curantur», *Revista Médica de Homeopatía*, vol. 2, núm. 2, pp.100-102. DOI: 10.1016/S1888-8526(09)70028-1

Para entender mejor por qué más de 200 años después de su teorización ahora la homeopatía parece uno de los nuevos enemigos a batir, nos referiremos a dos documentos que en 2018 pusieron datos certeros sobre el uso y conocimiento sobre la homeopatía en el estado español y un estudio publicado en 2019.

En primer lugar, el estudio sobre percepción social de la ciencia y la tecnología, el IX EPSCYT 2018, de la FECYT[255]. Según el mismo, un 21,6 % de los encuestados perciben la homeopatía como una práctica científica, y el 25,4 % manifiestan confianza en ella. Así, cerca de una quinta parte ha utilizado la homeopatía o la acupuntura. En el caso de su utilización, una cuarta parte lo hizo como sustituto de un tratamiento médico convencional, mientras que un 73,5 % lo hizo como complemento al convencional. Me parecen datos suficientemente significativos como para que el debate de gestión de salud pública tome decisiones claras con relación a la homeopatía. La digestión de los datos recogidos fue publicada por Lobera *et al* y confirmaban que «las mujeres y las personas con un estatus socioeconómico más alto es más probable que expresen confianza en la efectividad de las medicinas alternativas y complementarias». Significativamente también afirmaban que la desconfianza en la influencia de las grandes farmacéuticas en las políticas de salud parece tener un efecto en ver las terapias alternativas como más efectivas[256].

En segundo lugar, también el CIS incluyó preguntas con relación a la homeopatía en su barómetro de febrero de 2018[257]. Un 66 % de los encuestados conocía la homeopatía, de estos un 10 % había acudido a un profesional que les diagnosticaron u orientaron en

255 FECYT. *Encuesta de Percepción Social de la Ciencia 2018*. https://www.fecyt.es/es/noticia/principales-resultados-de-la-encuesta-de-percepcion-social-de-la-ciencia-2018

256 Lobera, J.; *et al*. (2020). «Scientific Appearance and Homeopathy. Determinants of Trust in complementary and alternative medicine». Health Communication, https://doi.org/10.1080/10410236.2020.1750764

257 CIS. *Barómetro febrero 2018*. http://datos.cis.es/pdf/Es3205mar_A.pdf

relación al tratamiento y entre estos, la nota media de satisfacción con el tratamiento era de un 6,86. Por su parte, Cano-Orón *et al* analizaron las muestras del CIS y a partir de estos datos dieron con un perfil tipo del usuario de la homeopatía en España[258]. Se trataría de una mujer, de clase media/alta, con estudios superiores universitarios y con una ideología política progresista, confirmando una tendencia que los autores afirman que existe en otros estudios internacionales. Un perfil tipo no excluye que los hombres lo usen, pero marca un patrón. Sería oportuno también pensar cuáles son los motivos y el papel del género en el tratamiento y el uso de medicamentos convencionales puesto que no estamos hablando de una correlación con un nivel bajo cultural.

Otro estudio publicado en 2019 en la revista *PLOS One* a partir de los tres informes sobre el sistema sanitario español realizados en 2011, 2014 y 2017, mostraba que «la mayoría de los productos homeopáticos se usan como complemento del tratamiento con medicina convencional», pero que «el uso de estas terapias en pacientes con tumores malignos y el rechazo de las vacunas son signos de advertencia de un posible peligro para la salud a largo plazo»[259].

Por tanto, como vemos, no estamos ante un tratamiento marginal, que se vende por Internet o en programas de televisión de madrugada, ni algo clandestino. Todos los datos indican que a nivel social, la homeopatía cuenta con un uso y respaldo social significativo. ¿Llega tarde la ciencia?

Sin duda, la relación de la Salud Pública con la homeopatía también podemos afirmar que va por barrios. En estos momentos, aunque

258 Cano-Orón L, *et al.* «Perfil sociodemográfico del usuario de la homeopatía en España». Atención Primaria 2018. https://doi.org/10.1016/j.aprim.2018.07.006

259 Pinilla, J.; *et al.* (2019) «Differences in healthcare utilisation between users and non-users of homeopathic products in Spain: Results from three waves of the National Health Survey (2011-2017)». *PLoS ONE* vol. 14, núm. 55, e0216707. https://doi.org/10.1371/journal.pone.0216707

puede parecer que el debate científico mayoritario se mueve hacia considerar la homeopatía como un tratamiento con poca evidencia científica a su favor, vemos cómo cada país toma sus propias decisiones en función de un debate interno donde médicos y usuarios tienen mucho que decir. Sin duda, se echa en falta un debate europeo que genere un consenso mucho más claro a nivel administrativo. Quiero decir con ello que parece más difícil hablar de bulo cuando en Alemania, Francia y Suiza continúa siendo un tratamiento muy popular.

Aun así, en los últimos años la homeopatía ha sufrido distintos reveses en países donde antes tenía cobertura pública. Así, en el Reino Unido, después de años de debate, finalmente el *National Health System* (NHS) decidió recomendar no usarlo por no haber encontrado evidencias robustas que justificasen su uso[260]. En lo que respecta a Francia, en los últimos años ha ido modificando su posición y tenía previsto dejar de costear en 2021 una parte de los medicamentos homeopáticos[261].

La gran pregunta que creo que justificaba la plausibilidad de la homeopatía era: si la homeopatía no funciona, ¿por qué se deja vender en las farmacias, se enseña en las universidades y se permite su promoción en las redes sociales? Evidentemente, la respuesta no podía ser que porque no tiene efectos secundarios y por tanto no daba problemas de responsabilidades por la toma del medicamento. Había que tener un mensaje claro científico, de salud pública y de visibilidad en el debate público y social. Creo que en los próximos años el debate va a poder cerrarse de forma pública.

---

260 NHS (2017). *Clinical evidence for homeopathy* https://www.england.nhs.uk/wp-content/uploads/2017/11/sps-homeopathy.pdf

261 Huguen, P. *A «grave error»: France to phase out coverage for homeopathy* https://www.france24.com/en/20190710-outrage-france-govt-cancels-coverage-homeopathic-medicine [Consulta: 20 Junio 2020]

En este sentido, por lo que respecta a la evolución de la homeopatía en los últimos años en el estado español, cabe decir que el cambio de gobierno en 2018 entre el PP y el PSOE no ha modificado sustancialmente la tendencia a aumentar los controles sobre los medicamentos homeopáticos. Así, tanto los distintos ministros de Sanidad (Salvador Illa, Luisa Carcedo) como el ministro de Ciencia, Pedro Duque, han dejado claro que están en contra de la homeopatía y que van a regular para dejar claro su papel[262]. En las distintas vueltas de una estrategia que busca poner la homeopatía contra las cuerdas, también hemos visto un viraje en el tratamiento de los medios de comunicación generalistas y especializados en el discurso y el relato[263], se han ido fulminando los distintos cursos y posgrados en las universidades[264] y asociaciones como la Asociación para Proteger al Enfermo de Terapias Pseudocientíficas (APETP) han ido incluyendo en sus informes la homeopatía como una de las terapias pseudocientíficas[265] y han presentado a su vez en 2018 una carta firmada por 400 expertos pidiendo a Sanidad actuar contra las pseudociencias[266]. Incluso la RAE ha eliminado de

---

262 López, C. *La homeopatía sigue en el limbo* https://www.lavanguardia.com/ciencia/cuerpo-humano/20190301/46760468367/homeopatia-pseudoterapias-ministerio-ciencia-sanidad.html [Consulta: 20 Junio 2020]

263 Campillo, S. *El golpe de gracia a la homeopatía: y ya van 7 'estudios Cochrane' que demuestran que esta pseudociencia no sirve para nada* https://www.xataka.com/medicina-y-salud/el-golpe-de-gracia-a-la-homeopatia-y-ya-van-7-estudios-cochrane-que-demuestran-que-esta-pseudociencia-no-sirve-para-nada [Consulta: 20 Junio 2020]

264 Ansede, M. *La Universitat de Barcelona fulmina el seu màster d'homeopatia* https://cat.elpais.com/cat/2016/03/01/ciencia/1456856774_534268.html [Consulta: 20 Junio 2020]

265 APETP. *Lista de terapias pseudocientíficas* https://www.apetp.com/index.php/lista-de-terapias-pseudocientificas/ [Consulta: 20 Junio 2020]

266 Huffington Post. *Casi 400 médicos y científicos piden a Sanidad actuar contra las pseudociencias* https://www.huffingtonpost.es/2018/09/24/casi-400-medicos-y-cientificos-piden-a-sanidad-actuar-contra-las-pseudociencias_a_23540157/?utm_hp_ref=es-pseudociencia [Consulta: 20 Junio 2020]

la definición de homeopatía el término «sistema curativo» y hab
de práctica y añade la palabra «supuestamente» al describirla[26]

Me parece oportuno analizar las estrategias de comunicaci
defensa que los defensores de la homeopatía están llevando a
tanto por su constancia como por su contundencia. Por ejerr
intento de construcción de un vínculo más científico y académico.
Así, Boiron, la gran multinacional homeopática francesa creó en
2010 la cátedra de Boiron de Investigación, Docencia y Divulgación
de la Homeopatía en la Universidad de Zaragoza para reforzar el
estudio y las evidencias sobre la homeopatía. De hecho, dos de
los principales documentos que son citados sobre las evidencias
científicas tienen relación con dicha empresa, el *Libro Blanco de la
Homeopatía*, la primera obra de la cátedra[268], y un estudio de 2016
(ya fuera de la cátedra) donde ponen el foco de una encuesta en el
hecho de que la muestra encuestada manifiesta su preocupación
por los efectos secundarios, están de acuerdo con que deberían
prescribirse medicamentos con los mínimos efectos secundarios
y que un medicamento seguro es sinónimo de no tener efectos
secundarios y de respetar el organismo[269]. Después de años de
críticas dentro y fuera de la universidad, finalmente el 2016 la
universidad cerró la vía de colaboración universidad-empresa[270],
aunque la página web continúa activa.

En otro sentido, la creación de la Asamblea Nacional de la
Homeopatía como principal lobby a favor de la homeopatía

---

267 *La RAE elimina de la definición de homeopatía su poder «curativo»* https://
www.lavanguardia.com/vida/20191107/471443705227/la-rae-elimina-de-la-
definicion-de-homeopatia-su-poder-curativo.html [Consulta: 20 Junio 2020]

268 Cátedra Boiron de Homeopatía de la Universidad de Zaragoza (2013). *Libro
Blanco de la Homeopatía*. https://www.boiron.es/siteresources/files/5/94.pdf

269 Boiron. *Estudio percepciones sobre salud y homeopatía en la población española*.
https://recursos.boiron.es/files/23/30.pdf

270 Oto, J. *La cátedra de homeopatía desaparece del campus público* https://www.
elperiodicodearagon.com/noticias/aragon/catedra-homeopatia-desaparece-
campus-publico_1095262.html [Consulta: 20 Junio 2020]

junto con la Fundación de Terapias Naturales parece un acierto comunicativo. El solo hecho de llamarse asamblea creo que escoge con sumo cuidado el tipo de médico y paciente a quien busca representar. Dentro de la web, en la línea de otros capítulos, vemos que recurre al testimonio de personas conocidas y famosas para dar una capa de veracidad no por ser expertos sino por ser personajes que la gente considera próximos.

Dentro de la lógica que engloban sus contenidos, podría parecer una estrategia comunicativa parecida a la usada por los creacionistas en lo referente al diseño inteligente, al intentar situar el equilibrio de evidencias al 50 %, cuando de hecho no es simétrico. Incluso presentan en su sitio web un apartado donde desmontan *fake news*, es decir, desmienten los principales argumentos en contra de la homeopatía situando al contrario en el campo de las noticias falsas, copiando el terreno de juego con que Trump sitúa a sus críticos. Siempre con sus evidencias, claro. A esta hábil estrategia comunicativa cabría añadir también la estrategia legal de querellas y demandas contra asociaciones (como la AEPTP). Recientemente se ha archivado una querella contra la AEPTP por injurias y calumnias al considerar el juez que de hecho «las manifestaciones contenidas en el informe y vertidas por los mismos o por la asociación a la que pertenecen se encuadran dentro del derecho de información a que hace referencia la mencionada resolución, con espíritu de crítica y con la finalidad de alertar y conseguir su regulación y control por los organismos competentes»[271]. Preocupa en este caso la posible autocensura en los contenidos, en un momento donde más que nunca la suma de las evidencias (no una evidencia sesgada) debe llevar a tomar decisiones acertadas sobre los tratamientos alternativos. En un momento en el cual la salud, como se ha comprobado en el caso de la crisis sanitaria,

271 Acta Sanitaria. *Archivada querella de Homeopatía contra la asociación debeladora de terapias pseudocientíficas (APETP)* https://www.actasanitaria.com/dimes_y_diretes/archivada-querella-de-homeopatia-contra-la-asociacion-debeladora-de-terapias-pseudocientificas-apetp/ [Consulta: 20 Junio 2020]

va a marcar durante un tiempo el pulso social y político. Como avisaban en 2019 desde la Asociación Española de Comunicación Científica, preocupa el «aumento en el número de demandas contra periodistas y divulgadores que informan sobre pseudoterapias».[272]

Como conclusión, recordar que la ciencia avanza en el choque y contraposición de ideas, pero que también debe servir para ser más eficiente. Si preocupan los valores que se pueden asociar a los tratamientos alternativos, más allá de señalarlos como falsos, se deben incorporar dichos valores al tratamiento y acompañamiento convencional. Sin duda, todo un reto para médicos y gestores de salud pública. Posiblemente, de la misma forma que las *fake news* han causado y generado una catarsis en los medios de comunicación para demostrar que solo el buen periodismo puede ser efectivo contra la desinformación, también la medicina y la investigación deben entender que se abre una oportunidad para la medicina convencional. Como decíamos al principio, si la ciencia muestra evidencias claras y con un consenso mayoritario, las decisiones políticas y de gestión deben ir detrás, ya sea en relación con el cambio climático o con las terapias alternativas.

---

272 Pinto, T. *El mundo de las pseudoterapias intenta enterrar las críticas a golpe de demandas judiciales* https://www.eldiario.es/sociedad/pseu[Consulta: 20 Junio 2020]doterapias-homeopatia-ciencia_1_1204443.html

14

CURAS CONTRA EL CÁNCER, LA DESINFORMACIÓN ANTE EL DESTINO

Desde una óptica occidental, es evidente que el cáncer ha ido ganando terreno como una de las principales enfermedades a batir, incluso con la elevada cantidad de conocimiento y ciencia que se ha generado en los últimos años. Sí, los avances han permitido ir encontrando tratamientos para distintos de ellos, pero aun así sigue existiendo un estigma, incluso un miedo a hablar abiertamente de cáncer, usando términos como larga enfermedad o tumor maligno[273]. Cada idioma tiene los suyos (en catalán por ejemplo un *mal lleig*, un mal feo). A nivel global, la OMS informa que en 2015 era la segunda causa de muerte en el mundo, con 8,8 millones de defunciones (una de cada seis)[274]. En este capítulo trataremos (sin mencionarlas de forma expresa) sobre curas extrañas, plantas milagrosas y de cómo las redes sociales tienen un papel clave en la contención de las *fake news* relacionadas con el cáncer.

---

273   RTVE. *El gran tabú del cáncer: ¿Por qué no se le llama por su nombre?* https://www.rtve.es/noticias/20120204/gran-tabu-del-cancer-no-se-llama-su-nombre/495179.shtml

274   OMS. *Cáncer* https://www.who.int/es/news-room/fact-sheets/detail/cancer [Consulta: 20 Junio 2020]

Más que nunca, buscamos aquello que nos preocupa. Según Eurostat, en 2019 un 53 % de los europeos buscaron información sobre salud en Internet[275], aunque se vislumbra también una diferencia significativa entre países, teniendo como extremos Finlandia (76 %) o Bulgaria (30 %). Es conocido el concepto del «doctor Google», el buscador donde los ciudadanos vuelcan sus dudas y miedos buscando información, dentro de la cual evidentemente las curas y los tratamientos[276]. A menudo, lamentablemente por los efectos secundarios relacionados con los tratamientos convencionales, y el miedo al dolor, se buscan otras opciones. Y este miedo es terreno abonado para que las *fake news* sobre el cáncer aparezcan en gran medida.

Me gustaría en este punto y para añadir el contexto del colectivo que primero se va a encontrar con las dudas del paciente, citar el interesante estudio llevado a cabo por el equipo de #SaludsinBulos y Doctoralia en 2019 para saber la opinión de los profesionales de la salud y su visión sobre hasta qué punto los bulos sobre temas de salud se pueden considerar que estén teniendo un impacto en la salud de los ciudadanos y las soluciones a aplicar para contribuir a frenarlos y erradicarlos. Algunas de sus conclusiones son relevantes[277]:

---

275 Eurostat. *53% of EU citizens sought health information online* https://ec.europa.eu/eurostat/web/products-eurostat-news/-/DDN-20200327-1 [Consulta: 20 Junio 2020]

276 Giovanni, E.; *et al.* (2019). «Consulting "Dr. Google" for Prostate Cancer Treatment Options: A Contemporary Worldwide Trend Analysis», European Urology Oncology, https://doi.org/10.1016/j.euo.2019.07.002

277 #SaludsinBulos; *et al. II Estudio sobre Bulos en Salud Encuesta a profesionales de la salud de España.* https://saludsinbulos.com/wp-content/uploads/2019/11/es-II-estudio-bulos-salud.pdf [Consulta: 20 Junio 2020]

1. 2 de cada 3 médicos encuestados afirma haber atendido en su consulta pacientes preocupados por algún bulo de salud durante el último año.

2. Un 62 % de los profesionales de salud encuestados han detectado un incremento en los bulos de salud que circulan entre los pacientes.

3. Un 77 % de los encuestados cree que ello se debe a los nuevos canales de comunicación inmediatos (Whatsapp, Redes Sociales, etc.) que permiten la difusión más rápida de los bulos. Los temas sobre los cuales creen que circulan más bulos serían, por este orden, pseudoterapias (67 %), alimentación (57 %) y cáncer (40 %).

En lo referente a las *fake news*, en el caso de la cura o tratamiento del cáncer y de otras enfermedades, debemos tener en cuenta algunos aspectos. En primer lugar, y aunque a menudo existe una mezcla de motivos e intereses, debemos diferenciar entre aquellos creadores de *fake news* que buscan un lucro o los que buscan promover su visión médica sobre el cáncer o sobre las enfermedades, pudiendo también tener interés de lucro. En el primer caso el contenido es una excusa a menudo para atraer tráfico de Internet a medios digitales de ínfima calidad, y que incorporarán todas las herramientas que normalmente describe el llamado *clickbait*, la voluntad de atraer lectores a tus contenidos web. Más lectores, más tráfico, más publicidad, más beneficios. Como explican Bolton *et al*, las *fake news* y el *clickbait* son enemigos naturales de la ciencia basada en la evidencia[278].

Este círculo vicioso es uno de los males actualmente en el marketing de contenidos web, en el cual pueden caer los medios digitales nuevos, pero también los tradicionales en su necesidad de atracción de recursos económicos. Y aquí encontramos o bien

---

278   Bolton, D.M.; *et al*. (2017) «Fake news and clickbait – natural enemies of evidence-based medicine»,
       BJU Int vol. 119: Supplement 5, pp. 8–9, doi:10.1111/bju.13883

titulares sesgados (esto cura el cáncer, la cura del cáncer que nunca te explicarán los médicos, etc.), o bien falsos. Igual titulan cómo curar el cáncer y al final se habla de una dieta que te puede ayudar a prevenirlo, que no es lo mismo la cura que la prevención. También en muchas revistas generalistas es habitual encontrar artículos más banales sobre salud relacionados con alimentación y cáncer, consejos más generales pero muchas veces con pocas evidencias. Más tarde veremos algunos ejemplos por cuanto se están creando páginas web con argumentarios que intentan combatir en Internet dichos contenidos.

Por otra parte, hay que tener en cuenta que posicionarse en Internet implica que tu página web quede en Google por encima de la que tiene contenidos falsos, una estrategia SEO (por *Search Engine Optimization*) para conseguir quedar por delante de otras páginas al mostrar el buscador los contenidos que tiene indexados. Por tanto, no es solamente una cuestión de colgar contenidos, sino de intentar pensar en la cadena de caracteres más habituales que los usuarios van a usar al buscar, sin tantos tecnicismos. Porque como dice Warraich, el Doctor Google también miente[279].

La búsqueda de información sobre cáncer es una de las vías preferentes de *fake news*.

---

279 Warraich, H. *Doctor Google miente*. https://www.nytimes.com/es/2018/12/20/espanol/opinion/buscar-sintomas-en-internet.html [Consulta: 20 Junio 2020]

En efecto, la búsqueda del clic hará titulares muy exagerados. Como también describe acertadamente Vilallonga[280], puede ser también que dentro del lucro se incluya la venta de productos por exclusividad, porque es una cura solo conocida por el que te la ofrece por Internet. Es decir, puede darse el caso de que alguien haga una página web promoviendo el uso de una determinada planta, aunque ello no implique que la venda, o si es un remedio casero o una planta muy habitual, entraría más en una motivación por ideología. Por supuesto, estos entroncan con los vendedores de medicinas milagrosas a menudo falsas que forman parte del imaginario popular.

Como sucede a menudo, si existe un tratamiento que funcione, o existirán artículos científicos sobre el tema o habrá sido tratado en medios de comunicación que conocemos y de los cuales habitualmente nos fiamos. Normalmente, a nivel transversal y en ideologías dispares. Si en estos medios uno no encuentra un contenido sobre una cura, mejor esperar un poco. Posiblemente, si se lee en las redes sociales antes, será porque los medios más serios van a intentar verificar los contenidos, hablar con algún experto, aportar valor a un comunicado de prensa que puede haber recogido una agencia y que todos los medios tienen.

A nivel de estudios presentes en la literatura científica, se han estudiado en múltiples casos cómo las redes sociales y Youtube se usan para hablar del cáncer, desde las experiencias de los usuarios en la búsqueda de una comunidad que permite pasar más acompañado el duro tratamiento, hasta vídeos y perfiles en redes que fomentan visiones alternativas, muchas veces falsas o que buscan un rendimiento económico, como hemos comentado. Así, por ejemplo, Alsyouf *et al* estudiaron en 2019 los 10 artículos más populares en redes sociales como Facebook, Twitter, Pinterest y Reddit con relación a algunos tipos de cáncer como el de

---

280 Vilallonga, J. *Fake news sobre el cáncer* https://psicologiaencancer.com/es/fake-news-sobre-el-cancer/ [Consulta: 20 Junio 2020]

próstata y de riñón, y encontraron que «la información engañosa o inexacta sobre malignidades genitourinarias se comparte comúnmente en las redes sociales, destacando la importancia de dirigir a los pacientes a los recursos apropiados para el cáncer y defiende la supervisión por parte de las comunidades médicas y tecnológicas»[281]. También tuvo resultados similares un estudio de vídeos de Youtube relacionados con el cáncer de próstata[282].

Como hemos visto, pues, sabemos que existe el problema, bien descrito, acotado y con conocimiento científico y estudios sobre el tema. A partir de aquí, ¿cómo actuar? Aprovecho el ejemplo para describir algunas de las estrategias y recomendaciones a tomar con relación a las *fake news*. Porque no hacer nada nunca es una estrategia a seguir cuando se habla de información e infoxicación.

En primer lugar, deben crearse contenidos claros, certeros y localizables donde poder desmentir los bulos. Si se trata de una guerra de contenidos, que se puedan encontrar los verdaderos y que por contraposición queden claros. Por ejemplo, en la página de la Asociación Española Contra el Cáncer (AECC) se encuentra una página donde de forma contundente se informa de que no existen dietas contra el cáncer, mientras que sí existen dietas que te pueden llevar a coger cáncer, ya que una dieta poco saludable puede incrementar el riesgo de hasta seis tipos distintos de cáncer. Pero además se dedica a desmentir punto por punto algunas de las sustancias que pueden encontrarse recomendadas por Internet contra el cáncer como las dietas alcalinas, a la vez que desmienten la cura del bicarbonato, el cartílago de tiburón, los superalimentos

281 Alsyouf, M.; *et al.* (2019). «"Fake News" in urology: evaluating the accuracy of articles shared on social media in genitourinary malignancies». *BJU Int*, vol 124, pp. 701-706. doi:10.1111/bju.14787

282 Perez-Rosas, V.; *et al* (2020). «MP64-02 Fake news about prostate cancer: distinguishing language patterns in misinormative online videos», *Journal of Urology* , vol. 203, e963 https://doi.org/10.1097/JU.0000000000000939.02

o el hecho de que el azúcar alimente el cáncer[283]. También el sitio web del Instituto Nacional del Cáncer dedica un espacio a desmentir mitos comunes como que los edulcorantes artificiales o que el uso de teléfonos móviles causen cáncer[284].

Por otra parte, como tratamos en el capítulo del coronavirus, las plataformas de redes sociales deben considerar aún más que su futuro depende de la confianza que tengamos en sus contenidos. Así, Facebook anunció ya en 2019 que eliminaría contenidos que «promuevan un producto o servicio basado en un reclamo relacionado con la salud, por ejemplo, promocionando un medicamento que diga curar el cáncer o una píldora que afirme ayudar a perder peso»[285]. También Youtube anunció que tomará medidas para eliminar «vídeos que promueven una cura milagrosa para una enfermedad grave que resulta ser falsa o en los que se afirma que la Tierra es plana»[286]. Pero como también destapó la BBC, el propio algoritmo de YouTube promueve curas falsas para el cáncer en varios idiomas y en su sitio web publica anuncios de las principales marcas y universidades junto a vídeos engañosos[287]. Incluso con las medidas de filtrado y curación de contenidos y como describe Grimes, «este filtrado se pasa por alto fácilmente

283   AECC. *Dietas anticáncer, ¿existen?* https://www.aecc.es/es/tu-salud-es-lo-primero/abril-2018 [Consulta: 20 Junio 2020]

284   NIH. *Mitos comunes e ideas falsas acerca del cáncer* https://www.cancer.gov/espanol/cancer/causas-prevencion/riesgo/mitos

285   Pérez, E. *Facebook penalizará las páginas de salud dañinas, medicinas alternativas y curas milagrosas* https://www.xataka.com/medicina-y-salud/facebook-penalizara-paginas-salud-daninas-medicinas-alternativas-curas-milagrosas [Consulta: 20 Junio 2020]

286   Álvarez, R. *YouTube anuncia que elimina los vídeos con discursos de odio, supremacismo, nazis, terraplanistas y teorías de conspiración* https://www.xataka.com/servicios/youtube-empieza-a-eliminar-videos-discursos-odio-supremacismo-nazis-terraplanistas-teorias-conspiracion [Consulta: 20 Junio 2020]

287   Carmichael, F.; *et al. YouTube advertises big brands alongside fake cancer cure videos* https://www.bbc.com/news/blogs-trending-49483681 [Consulta: 20 Junio 2020]

y los modelos de negocio de las redes sociales prosperan en el *engagement* en lugar de la veracidad... Es imperativo que mejoremos nuestra capacidad para evaluar la avalancha de reclamos médicos: nuestro bienestar continuo depende de ello»[288].

Evidentemente, otra aproximación para combatir las noticias falsas es la legal y judicial, como sucede con médicos que aplican el método Hamer, como se conoce a la Nueva medicina germánica, una teoría según la cual sería un choque emocional el que llevaría a contraer un cáncer. Según su lógica, únicamente se necesitaría de un tratamiento en relación con los aspectos emocionales para curarlo. Este sería también el caso de Vicente Herrera[289] o Josep Pàmies[290], del cual ya hablamos con relación al coronavirus.

Finalmente, de la misma forma que ocurre con las noticias falsas y los medios de comunicación, debemos avanzar para que el conjunto de la sociedad tenga una mayor y mejor alfabetización en salud. Por ejemplo, la Universitat Oberta de Catalunya, donde trabajo, ha diseñado un curso de tipo MOOC (*Massive Open Online Course*) relacionado con ello, y poco a poco es de esperar que haya una mayor conciencia de los beneficios (sociales, pero también económicos y de salud pública) de formar a la ciudadanía de forma crítica en la búsqueda y verificación de contenidos web.[291]

---

288 Grimes, D.R. *How to survive the fake news about cancer* https://www.theguardian.com/science/2019/jul/14/cancer-fake-news-clinics-suppressing-disease-cure [Consulta: 20 Junio 2020]

289 Redacción médica. *El gurú español de la Medicina Germánica podría ser inhabilitado de nuevo* https://www.redaccionmedica.com/autonomias/cataluna/segunda-inhabilitacion-al-medico-pionero-de-la-medicina-germanica-en-espana-2680 [Consulta: 20 Junio 2020]

290 Cedeira, B. *El embaucador de la infusión: Josep Pàmies «cura» el cáncer, el ébola y el sida con hierbas y lejía* https://www.elespanol.com/reportajes/grandes-historias/20170331/204979921_0.html [Consulta: 20 Junio 2020]

291 UOC. *Alfabetización para la salud: propuestas e ideas para cuidar y cuidarnos* https://x.uoc.edu/es/mooc/mooc-alfabetizacion-en-salud

15

TRANSGÉNICOS, EL ECOLOGISMO Y LA BÚSQUEDA DE EVIDENCIAS CIENTÍFICAS

Aunque en los debates sobre ecologismo y medio ambiente es más habitual últimamente hablar sobre el cambio climático, el animalismo/veganismo o la alimentación ecológica, los alimentos transgénicos han sido uno de los focos de atención del movimiento ecologista desde el inicio de los primeros productos genéticamente modificados. Así, trataremos la desconfianza respecto al cambio, artículos con poca base científica, el miedo a lo desconocido. También uno de los motivos de desconfianza veremos que se trata del ingente mercado (y poder) que determinadas multinacionales tienen por la evidente ventaja competitiva que confiere el hecho de tener una patente sobre transgénicos, que forman parte del cóctel donde se sitúan mucho desconocimiento, prejuicios (en algún caso, merecidos) y también bulos. Veremos también cómo asociaciones y lobbies sitúan su visión sobre los transgénicos en una lucha en la cual será el marketing de contenidos y el posicionamiento web el que marque la visión mayoritaria. Nuestra óptica, la europea, veremos que dista de la media en otros países.

Antes de entrar en argumentos y contraargumentos, veamos algunos datos estadísticos sobre los organismos modificados genéticamente (OGM) en general.

Por lo que respecta a los Estados Unidos, en marzo del 2020 el Pew Research Center publicó que el 51 % de los norteamericanos creen que los alimentos transgénicos son peores que los que no modificados, aunque el 74 % estarían muy de acuerdo o bastante de acuerdo con el hecho de que implican una mejora en cuanto a la capacidad de suministros global[292]. En cuanto a Europa, en el Eurobarómetro EB91.3 sobre seguridad alimentaria en la Unión Europea publicado en 2019, el 60 % de los encuestados habían oído hablar de los ingredientes genéticamente modificados en comida y bebidas, con grandes diferencias como el 83 % en Suecia y el 41 % en Italia. En aquello de la botella medio llena o medio vacía, una de las asociaciones a favor de los transgénicos, la *International Service for the Acquisition of Agri-biotech Applications* (ISAAA), describe cómo la preocupación por los OGM se ha reducido a la mitad en nueve años y el nivel de preocupación reportado ha disminuido enormemente del 66 % en 2010 al 27 % en 2019, variando desde un 45 % en Lituania a un 13 en Finlandia. Según el mismo informe, en el caso español un 51 % había oído hablar de dichos ingredientes y preocupaba a un 17 % entre otras respuestas posibles, como el uso de pesticidas u hormonas[293]. Por poner otras cifras, en una encuesta de Ipsos hecha pública en 2019 decía que un 53 % de los españoles nunca tomaría comida modificada genéticamente, subiendo hasta un 62 % en Francia y hasta un 67 % en Italia[294].

---

292 Funk, C. *About half of U.S. adults are wary of health effects of genetically modified foods, but many also see advantages https://www.pewresearch.org/fact-tank/2020/03/18/about-half-of-u-s-adults-are-wary-of-health-effects-of-genetically-modified-foods-but-many-also-see-advantages/* [Consulta: 20 Junio 2020]

293 European Food Safety Authority. *Special Eurobarometer Wave EB91.3.* https://www.efsa.europa.eu/sites/default/files/corporate_publications/files/Eurobarometer2019_Food-safety-in-the-EU_Full-report.pdf

294 Statista. *Share of consumers who would never eat genetically modified food in selected European countries as of September 2018* [Consulta: 20 Junio 2020]

Recordemos que los transgénicos son un tipo de organismos modificados genéticamente (OMG) a través del uso de la ingeniería genética en los que se han introducido uno o varios genes de otras especies. Es decir, todos los transgénicos son OMG pero no todos los OMG son transgénicos. Estos genes ayudan a mejorar algún aspecto como la resistencia a las plagas, aguantar mejor la falta de agua o resistir a algunos herbicidas. En otros casos lo que se hace es añadir un ingrediente como en el caso del llamado arroz dorado, al cual se añade la capacidad de producir beta-carotenos, precursor de la vitamina-A que en muchos países no se encuentra fácilmente en la dieta habitual. Tengamos en cuenta que la mejora de la genética es algo ya conocido desde los trabajos de Mendel a finales del siglo XIX. Así como la mejora tradicional de una especie en ganadería y agricultura provenía habitualmente de la selección y cruce de los mejores ejemplares de una especie, en este caso es el uso de elementos de otra especie lo que le da una tecnología nueva. Y es precisamente esta nueva modificación la que generó, sobre todo al principio, muchas dudas de cómo podía afectar a futuro.

En el caso de la percepción de los transgénicos y la oposición de los movimientos ecologistas, me gustaría diferenciar entre los efectos nocivos de la utilización de los transgénicos, su toxicidad o la capacidad de generar cáncer, y otro tipo de consecuencias debatibles como serían el cambio en la biodiversidad y los ecosistemas de cultivos, la enorme ventaja competitiva que confiere a las industrias con patente para aumentar cuota de mercado, y cómo ello se debate y se expresa a un nivel no científico.

Así, en los años 80, cuando empiezan a hacerse los primeros trabajos en relación a plantas de tabaco resistentes al antibiótico kanamicina, surgen las primeras dudas a futuro. El poder de la modificación genética añadía también un miedo a las posibles consecuencias. Del mismo modo que en el caso de la clonación que ya hemos considerado, parecía que jugar y modificar los genes podría llevarnos a caminos de las distopías en ciencia ficción. Creo que en ese magma a finales del siglo XX se generó una fama que ha ido siguiendo a los transgénicos. El uso de una tecnología cuando aún no se conocen las posibles consecuencias genera dudas y recelos, y más cuando se acompañan de patentes, grandes corporaciones y unos pingües beneficios económicos. Es comprensible. Pero también es verdad que cuando los principales estudios llevados a cabo tanto por organismos públicos como por científicos no han demostrado los efectos perjudiciales apuntados, igualmente los movimientos críticos deberían adaptar sus argumentos. De alguna forma, podemos decir que la fama y las expectativas negativas generadas respecto a los transgénicos siguen pesando en la percepción de la gente. Por ejemplo, consideremos un interesante estudio publicado en el *European Journal of Cancer* con relación al Reino Unido, se preguntaba a los encuestados sobre si determinados temas eran cancerígenos o no, si eran reales o un mito, ya fuera el estrés, la radiación electromagnética, el tabaco o los edulcorantes[295]. En dicho estudio, un 34 % de la muestra consideraba que los transgénicos eran cancerígenos.

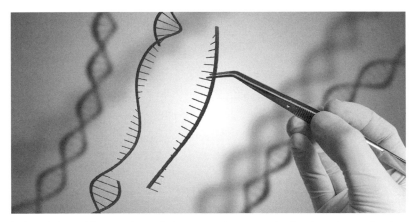

La ingeniería genética y su desarrollo han generado un gran abanico de opciones referente a la alimentación.

295 Shahab, L.; *et al.* (2018) « Prevalence of beliefs about actual and mythical causes of cancer and their association with socio-demographic and health-related characteristics: Findings from a cross-sectional survey in England», *European Journal of Cancer*, vol. 103, pp. 308-316 https://doi.org/10.1016/j.ejca.2018.03.029

He aquí un debate interesante, por cuanto los medicamentos deben demostrar a través de los ensayos clínicos que funcionan y que no tienen efectos secundarios elevados. Alguna de las críticas que hubo en el primer momento se referían precisamente a que no existían suficientes estudios pero el paso de los años ha ido añadiendo conocimiento científico. Por tanto, es ahora cuando deberían haberse demostrado los efectos nocivos de los alimentos transgénicos, más allá del hecho de que puedan generar dudas plausibles.

Asimismo lo interpreta la Organización Mundial de la Salud, que reconoce que muchos de los alimentos transgénicos han recibido una evaluación científica y médica en aspectos en los cuales los alimentos tradicionales no los poseen[296]. Hace hincapié en tres aspectos que normalmente son argumentados como principales problemas que podrían desarrollar: la alergenicidad (palabra aún no incluida por la RAE), es decir la capacidad de generar una reacción alérgica en un organismo; la transferencia genética de los alimentos al cuerpo humano o las bacterias del sistema intestinal; el cruce o propagación de las plantas modificadas genéticamente hacia otras cosechas o plantas del mismo ecosistema. En el primer caso, la OMS señalaba en 2014 que no se habían encontrado efectos alérgenos en los alimentos modificados genéticamente del mercado. En cuanto a la probabilidad de transferencia genética es baja, se recomienda el uso de transferencia genética que no desarrolle resistencia a los antibióticos. Finalmente, con relación a las cosechas, distintos países han procedido a separar unas cosechas de otras como prevención.

De hecho, los principales estudios realizados y pagados muchos de ellos con financiación pública muestran que no existen evidencias científicas de efectos adversos para la salud. Puede parecer poco,

---

296 WHO. *Frequently asked questions on genetically modified foods* https://www.who.int/foodsafety/areas_work/food-technology/Frequently_asked_questions_on_gm_foods.pdf

pero ello quiere decir que se ha estudiado, no ha existido un velo de silencio. Sería el caso del informe *A decade of EU-funded GMO research (2001 - 2010)*, que recoge 50 proyectos con financiación europea[297].

También como en otros casos, la publicación de artículos que finalmente fueron retirados ha conllevado un debate académico sobre los procesos de comunicación científica. De la misma forma que ocurrió con la clonación o la relación de las vacunas y el autismo, la publicación de un artículo daba argumentos sólidos a un colectivo. En el caso de los transgénicos, el polémico artículo es el de Séralini *et al* publicado en la revista *Food and Chemical Toxicology* en 2012[298], en el cual se sugería que los ratones que comen maíz NK603, un OGM resistente al glifosato (un herbicida igualmente polémico[299] y criticado por las entidades ecologistas), tienen un mayor riesgo de padecer tumores. Cabe decir que el recorrido de dicho artículo ha sido muy complejo, por cuanto una vez la revista y Elsevier decidieron retractarlo[300] hubo críticas del propio consejo editorial de la revista por haberlo hecho[301]. Los estudios continuaron hasta que finalmente en 2014 el artículo fue

297 European Comission. *A decade of EU-funded GMO research (2001 - 2010)* https://ec.europa.eu/research/biosociety/pdf/a_decade_of_eu-funded_gmo_ research.pdf

298 Séralini, G-E. (2012). «RETRACTED: Long term toxicity of a Roundup herbicide and a Roundup-tolerant genetically modified maize», *Food and Chemical Toxicology*, vol. 50, núm. 11, pp. 4221-4231 https://doi. org/10.1016/j.fct.2012.08.005

299 Duke, S.O. (2018). «The history and current status of glyphosate». *Pest. Manag. Sci*, vol 74, pp. 1027-1034. doi:10.1002/ps.4652

300 Elsevier. *Elsevier Announces Article Retraction from Journal Food and Chemical Toxicology* https://www.elsevier.com/about/press-releases/research-and-journals/ elsevier-announces-article-retraction-from-journal-food-and-chemical-toxicology [Consulta: 20 Junio 2020]

301 Roberfroid, M. (2014). Letter to the Editor, *Food and Chemical Toxicology*, vol. 65, p. 390 https://doi.org/10.1016/j.fct.2014.01.002

de nuevo publicado en otra revista[302]. El debate sobre las posibles presiones e intereses de la industria está muy bien explicado en el artículo publicado en la excelente web sobre retractación de artículos *Retraction Watch*[303].

Sin duda, la aceptación acrítica de cualquier tecnología no la hace mejor, y también es indudable que las críticas del movimiento ecologista ha hecho que la seguridad de los transgénicos sea mucho mayor, por tanto son dos actores que en el campo de la alimentación creo que son necesarios, porque actúan por compensación y balance de forma que el resultado es mucho más beneficioso.

Otra cosa es, según mi punto de vista, la visión que desde Europa pueda resultar diferente al resto de países. Así, en 2015, el Parlamento Europeo aprobó que los estados pudieran restringir o prohibir los cultivos de OGM por motivos de política medioambiental de forma que complemente a los riesgos para la salud o el medioambiente ya citados por la Agencia Europea de Seguridad Alimentaria (EFSA) ya existentes[304].

Teniendo en cuenta la presión de los colectivos contrarios a los transgénicos, se daba el caso de que Europa es uno de los países donde menos transgénicos se siembran. Curiosamente, España concentraba en 2017 el 95 % de los cultivos transgénicos en Europa,

---

302   Séralini, G.; *et al.* (2014). «Republished study: long-term toxicity of a Roundup herbicide and a Roundup-tolerantgenetically modified maize», *Environ Sci Eur* vol. 26, núm. 14 https://doi.org/10.1186/s12302-014-0014-5

303   Oransky, I. *Journal editor defends retraction of GMO-rats study while authors reveal some of paper's history http://retractionwatch.com/2014/01/16/journal-editor-defends-retraction-of-gmo-rats-study-while-authors-reveal-some-of-papers-history/* [Consulta: 20 Junio 2020]

304   Parlamento Europeo. *El PE aprueba que los Estados puedan prohibir los cultivos OGM* https://www.europarl.europa.eu/news/es/press-room/20150109IPR06306/el-pe-aprueba-que-los-estados-puedan-prohibir-los-cultivos-ogm [Consulta: 20 Junio 2020]

el maíz MON-81[305], y es un importador neto sobre todo de soja transgénica, al permitir la comercialización y no el cultivo de ciertos OMG. A nivel estratégico es también un debate muy interesante, con visiones que eso nos hace dependientes del exterior[306]. Los principales verificadores y entidades como #SaludsinBulos apuestan por los transgénicos[307]. Según mi punto de vista, me parece incluso curioso que se hable poco del trigo modificado genéticamente para que no contenga gluten en el que han estado trabajando Barro y su equipo[308]. Sin duda, falta información y conocimiento. Además, cabe tener en cuenta que los alimentos modificados genéticamente solamente han abierto una puerta que va a seguir creciendo, en un ecosistema donde el ser humano respecto a insectos, virus y antibióticos crea desequilibrios. Pero no será con bulos que se solucionen, sino con más ciencia.

305 Elcacho, J. *España concentra el 95 % de los cultivos transgénicos de Europa* https://www.lavanguardia.com/natural/20170506/422312083177/informe-mundial-cultivos-transgenicos-espana-lider-europa.html [Consulta: 20 Junio 2020]

306 Bermell, C. *Europa en cuanto a los transgénicos se ha convertido en una isla para el mundo* https://economia3.com/2019/07/30/213468-europa-en-cuanto-a-los-transgenicos-se-ha-convertido-en-una-isla-para-el-mundo/ [Consulta: 20 Junio 2020]

307 SaludsinBulos. *La Guía sobre Bulos en Alimentación desmonta las principales falsas creencias sobre alimentos* https://saludsinbulos.com/comunicacion/guia-bulos-alimentacion/ [Consulta: 20 Junio 2020]

308 Ozuna, C.V.; *et al.* (2017). «Safety evaluation of transgenic low-gliadin wheat in Sprague Dawley rats: An alternative to the gluten free diet with no subchronic adverse effects, *Food and Chemical Toxicology,* vol. 107, Part A, pp. 176-185 https://doi.org/10.1016/j.fct.2017.06.037

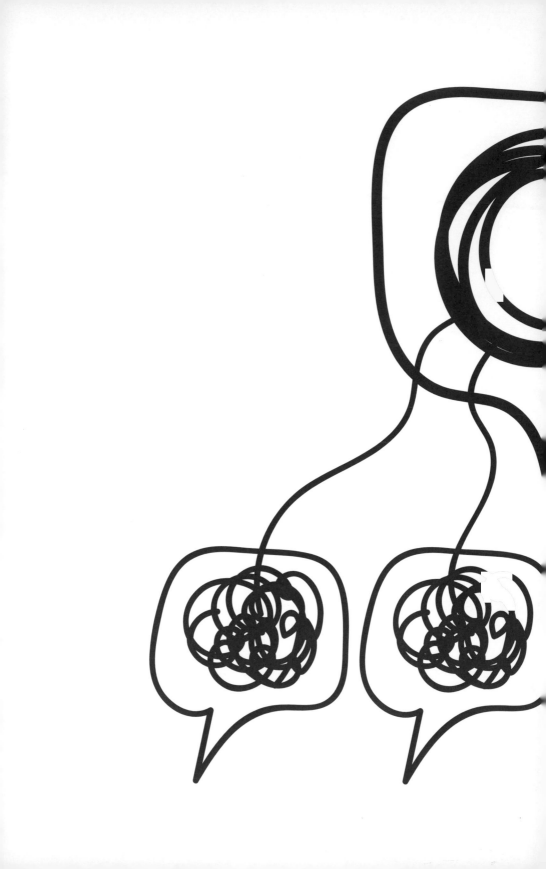

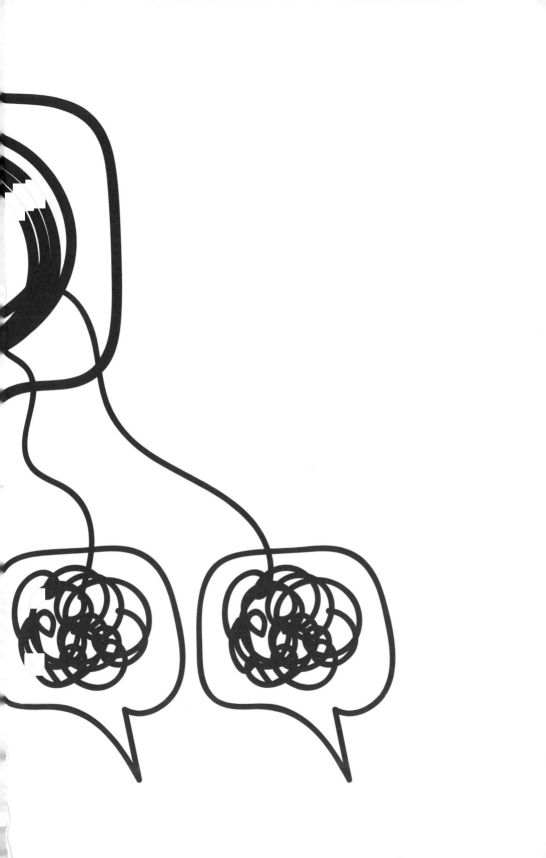